U0304287

黄海

宝藏

Treasure of Yellow Sea

黄海宝藏

李学伦◎主编
文稿编撰/王晓　王晓霞

·青岛·

魅力中国海系列丛书

魅力中国海
我们的海洋梦

Charming China Seas
Our Ocean Dream

魅力中国海 我们的海洋梦

中国是一个海陆兼备的国家。

从天空俯瞰辽阔的陆疆和壮美的海域，展现在我们面前的中华国土犹如一个硕大无比的阶梯：这个巨大的“天阶”背靠亚洲大陆，面向太平洋；它从大海中浮出，由东向西，步步升高，直达云霄；高耸的蒙古高原和青藏高原如同张开的两只巨大臂膀，拥抱着华夏的北国、中原和江南；整个陆地国土面积约为960万平方千米。在大陆“天阶”的东部边缘，是我国主张管辖的300多万平方千米的辽阔海域；自北向南依次镶嵌着渤海、黄海、东海和南海四颗明珠；18000多千米的海岸线弯曲绵延，更有众多岛屿星罗棋布，点缀着这片蔚蓝的海域，这便是涌动着无限魅力、令人魂牵梦萦的中国海！

中国的海洋环境优美宜人。绵延的海岸线宛如一条蓝色丝带，由北向南依次跨越了温带、亚热带和热带。当北方的渤海还是银装素裹，万里雪飘，热带的南海却依然椰风海韵，春色无边。

中国的海洋资源丰富多样。各种海鲜丰富了人们的餐桌，石油、天然气等矿产为我们的生活提供了能源，更有那海洋空间等着我们走近与开发。

中国的海洋文明源远流长。从浪花里洋溢出的第一首吟唱海洋的诗歌，到先人面对海洋时的第一声追问；从扬帆远航上下求索的第一艘船只，到郑和下西洋海上丝绸之路的繁荣与辉煌，再到现代海洋科技诸多的伟大发明，自古至今，中华民族与海相伴，与海相依，创造了灿烂的海洋文化和文明，为中国海增添了无穷的魅力。无论过去、现在和未来，这片海域始终是中华民族赖以生存和可持续发展的蓝色家园。

认识这片海，利用这片海，呵护这片海，这就是“魅力中国海系列丛书”的编写目的。

“魅力中国海系列丛书”分为“魅力渤海”、“魅力黄海”、“魅力东海”和“魅力南海”四大系列。每个系列包括“印象”、“宝藏”、“故事”三册，丛书共12册。其中，“印象”直观地描写中国四海，从地理风光到海洋景象再到人文景观，图文并茂的内容让你感受充满张力的中国海的美丽印象；“宝藏”挖掘出中国海的丰富资源，让你真正了解蓝色国土的价值所在；“故事”则深入海洋文化领域，以海之名，带你品味海洋历史人文的缤纷篇章。

“魅力中国海系列丛书”是一套书写中国海的“立体”图书，她注入了科学精神，更承载着人文情怀；她描绘了海洋美景的点点滴滴，更梳理着我国海洋事业的发展脉络；她饱含着作者与出版工作者的真诚与执著，更蕴涵着亿万中国人的蓝色梦想。浏览本丛书，读者朋友一定会有些许感动，更会有意想不到的收获！

愿“魅力中国海系列丛书”能在读者朋友心中激起阵阵涟漪，能使我们对祖国的蓝色国土有更深刻的认识、更炽热的爱！请相信，在你我的努力下，我们的蓝色梦想，民族振兴的中国梦，一定会早日成真！

限于篇幅和水平，书中难免存有缺憾，敬请读者朋友批评指正。

盖广生

2014年元月

Preface 前言

Treasure of Yellow Sea

归去来，借天风。一夜东风，吹醒黄海。38万平方千米水域，烟波浩淼，别有洞天。这里有长空一色，这里有水拍长天，这里有乘流欲上白云间，这里有数不尽的黄海宝藏。

宝藏何处？万千风景，《黄海宝藏》带你看遍。

黄海生物繁多。石花菜等底栖植物在海底飘摇舞动。牙鲆、蓝点马鲛等是鱼群主力，中国对虾、三疣梭子蟹等也来自淼淼黄海。珍稀动物也能在黄海中找到，比如小鳁鲸、虎鲸、鲨鱼。要问目前亚洲最大的淤泥质滨海湿地在哪里，那一定非江苏海岸带的滨海湿地莫属。海底牧场和海底森林也开始在黄海建设，在海洋中“放牧”开展得如火如荼。

黄海资源丰硕。黄海滔滔，推涌着千百年来盐民“煮海为盐”的传说。黄海海底藏金，在时间和空间的深处开始孕育宝藏，石油、滨海砂矿，还有崂山绿石和田横石，是黄海的“镇海之宝”。黄海已经“站在”了后方，建立起属于中国的石油战略储备库。鱼虾“雀跃欢腾”，蟹贝“安居乐业”，黄海渔业资源丰富，闪现海洋药物开发的曙光。黄海温差能、波浪能和潮汐能的开发也正阔步前进。

黄海考古富迹。黄海沿岸的琅琊港等古港口是“东方海上丝绸之路”最早始发港，黄海海域一时也“天下之商贾若流水”。土埠岛沉船遗址、横门湾沉船遗址、竹岔岛沉船遗址等相继被发

现。每一个碎裂在海底的文化遗迹，是可以复原中国海洋文明的碎片，更是时代浓缩的标本。

人类发现的关于黄海的一切，也都只是黄海宝藏的一角，你就知晓，海洋有多么阔大，我们有多么渺小，我们能做的是尽全力了解它，热爱它，保护它。

Contents 目录

Treasure of Yellow Sea

黄海宝藏

01 黄海生物万象/001

02 黄海资源大观/075

03 黄海考古藏典/121

黄海生物万象

YELLOW SEA CREATURES

01

黄海厚载亿万生命，这里有海洋植物、海洋动物，还有专属黄海的“小世界”。万物走来，黄海都热情接纳。海带、条斑紫菜、石花菜等在海底岩石上飘摇舞动；牙鲆、蓝点马鲛等是黄海鱼群主力；黄海的虾蟹品种众多。栉孔扇贝、虾夷扇贝等在黄海的怀抱里自由生活。“海中猛虎”虎鲸、“吃鱼不眨眼”的鲨鱼已是国家保护动物。伴随海底牧场和海底森林建设的开展，“放牧”大海已经开始。

黄海百宝箱

在太平洋的西部，中国大陆与朝鲜半岛之间有一片广阔的海域，这里生活着种类众多的海洋生物。我们肉眼难以察觉到的海洋微藻是未来的营养来源，甚至已成为解决能源需求的希望。海带富有营养，在我国历史上的一段时间里解决了碘缺乏导致的大脖子病问题。在黄海里，种类繁多的海洋鱼类在快活地游来游去，黄海畔的“金钩海米”享誉全国，鲍鱼与刺参一道并列为“海产珍品”，还有那鲜美的蛤蜊，那富有海洋风情的海星。道道黄海珍品不仅是餐桌上的美味佳肴，更是人们口口相传的富有黄海风情的海味。

植物王国

在黄海这片富饶的海域，海洋微藻不仅满足了海洋生物对饵料的需求，更承载着人类解决能源问题的希望。海带营养丰富，产量很大，通过改良后品质更好，产量更高，在满足人们食用海产品的需要方面作出了很大的贡献。人们通过喝紫菜蛋花汤、吃海苔而认识了条斑紫菜，而作为一项产业，紫菜的发展已经超过了我们的认识。

海洋微藻

在黄海海域里，在黄海畔的科研机构里，有这样的一群海洋微藻快速地生长繁殖着。它们虽然很微小，但显微镜下的身影千姿百态。虽然看起来是那么的脆弱，却具有旺盛的繁殖力，也许在一夜之间，它们就会令海水变色。它们看起来实在不起眼，但经过科学家的改造，也许它们会成为未来能源的希望。

● 硅藻

在黄海的海水中，生活着大量肉眼难以见到的海洋微藻。这些海洋微藻是海洋生物链中的一个低等环节，为其他的海洋生物提供着源源不断的饵料。硅藻就是海洋微藻中的一大“族类”。可以这样说，只要有天然海水的地方，就会寻觅到硅藻的身影。

硅藻是一类具有色素体的海洋微藻，常由几个或很多细胞个体联结成各式各样的群体。硅藻花样繁多，大“族类”之下有中心硅藻纲和羽纹硅藻纲两类，纲之下还有很多目，目下面还有很多属，比如圆筛藻属、羽纹藻属、舟形藻属，等等。

光学显微镜下的硅藻

在人类发明硅基太阳能电池之前，自然界中的硅藻早就开始收集太阳能了。藻类外壳利用阳光的构筑是未来太阳能电池原材料和模型构筑的最佳供体。挪威科技大学（NTNU）和挪威科技工业研究院（SINTEF）组成的斯堪的纳维亚半岛最大的跨学科团队，正在利用硅藻和其他海洋微藻作为未来太阳能电池研究的模板，来制造太阳能利用率与藻类媲美的硅藻太阳能电池。

硅藻虽然是单细胞藻类，它的光合作用效率却比高等植物要高，是海洋生态系统初级生产力的主要成员。世界上有10万多种微藻，它们能利用太阳光获得能量，将其在身体内转换，释放出氧气。世界上70%的氧气是浮游植物释放出来的，大概每年有300多亿吨。它们能高效利用太阳能的秘密在哪里呢？——外壳。其中，硅藻外壳是由结构极为复杂精密的二氧化硅组成10~50纳米的六边形微孔排列形成的丝网状结构。这种复杂的结构能使射进的光线难以逃逸。这种纹饰繁密的藻壳不仅增强了硅藻的硬度和强度，使它能在海洋中漂浮起来，而且提高了它运输营养物质和吸附、附着的生理功能，能成功阻止有害物质进入，光吸收率大大增强。

硅藻不仅作为初级生产力的一员能固定太阳能并产生氧气，还是鱼、虾、贝等幼体的直接或间接饵料，成为海洋中初级生产力的强大基础。我国海洋贝类的饵料中，硅藻占据首要

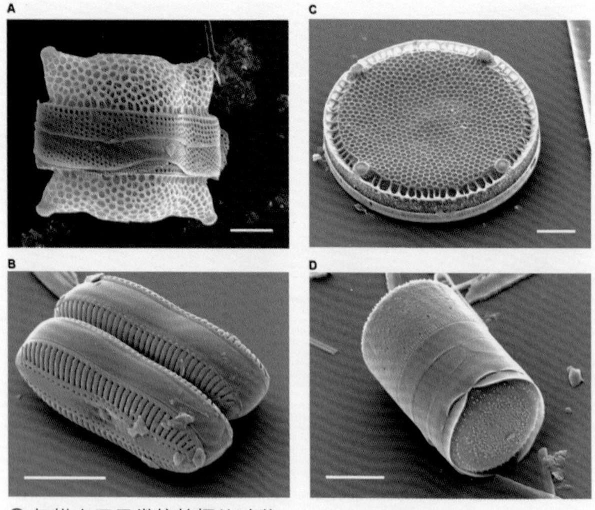

扫描电子显微镜拍摄的硅藻

位置，海洋浮游甲壳动物以及对虾等也都吃硅藻，沙丁鱼等更是以硅藻为“主食”。水产养殖中不仅要注重鱼、虾、贝等的养殖，也要重视对硅藻等的人工培育。目前，已开始大量人工培育中肋骨条藻、三角褐指藻、牟氏角毛藻、新月拟菱形藻等。自从有了硅藻等人工生物饵料的培养，我国海水养殖过程中，育苗成功率得以大大提高，养殖水平大幅度提高。

生时甘于奉献，死后亦如此。硅藻死亡后，它的硅质外壳就会沉积在海底，经过漫长的年代和复杂的地质变迁后，在海底沉积下来的以硅藻为主要成分的沉积层，逐渐形成了价值极高的硅藻土，它能有效地保存动植物的遗体，给古生物学家带来意想不到的惊喜。另外，硅藻土里含有80%以上的氧化硅，这一点使得它在工业上几乎“无所不在”，不仅可以作为建筑上面所需的磨光材料，还可以做过滤剂、吸附剂，也可以用来生产纸、橡胶，充当化妆品、涂料的填充剂、隔音材料以及保温材料，等等。

当然，硅藻并非十全十美。海水如果富营养化，常常会造成某些硅藻的暴发性增长。比如骨条藻、菱形藻、角毛藻、根管藻等大规模繁殖，就会形成赤潮这样的海洋灾害。还有一些硅藻（比如根管藻）如果生长太旺盛，会阻碍甚至改变鲱鱼的洄游路线，降低渔获量。

硅藻对于稳定海洋生态系统所作出的巨大贡献，不能因为一些不足而被抹杀。硅藻资源的利用潜力很大，相信在不远的未来，随着硅藻用途的进一步发掘，硅藻会更好地造福于自然，造福于人类。

微绿球藻

每年的4月中上旬，黄海海域生机盎然。在一些水体环境中，会看到有密密麻麻的绿色在成片成片地蔓延。这样的绿色中，也许就会有微绿球藻的功劳。微绿球藻，呈淡绿色球状，体内长有圆圆的淡橘红色的眼点，所以人们又称它为眼状微绿球藻。

微绿球藻，属于海洋微藻中绿藻的一种，长有极薄的细胞壁，这种细胞壁在其幼小的时候是看不到的。微绿球藻喜欢持续的强光照射，在不断的光照下，不仅能够将水、无机盐、二氧化碳等合成为自身生长所需的有机物，还能够释放大量的氧气。难能可贵的一点

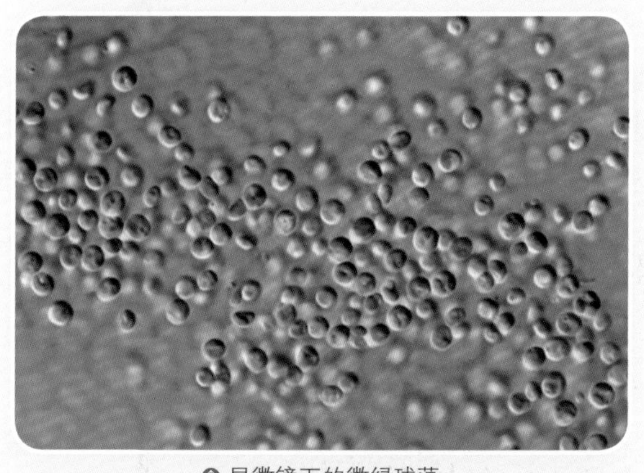

显微镜下的微绿球藻

观察微绿球藻的眼点

想要目睹微绿球藻的眼点，就应该抑制其生长兴奋度，这一点可以通过减少其氮等营养成分的补充而实现。因为这样一来，微绿球藻的色素体会变淡，眼点自然就变得明显了。

是，微绿球藻一点都不“娇贵”，对居住环境的盐度、温度、酸碱度等的要求并不苛刻。正是这样“随和”的性格，使得微绿球藻分布广泛，在各种环境的海水中，只要营养盐丰富点就可以生长繁殖了。

富含EPA（二十碳五烯酸）的微绿球藻，越来越成为海水养殖中的“大红人”。除了将其用作饵料喂养亲贝、虾蟹幼体外，还可以将其作为食物来喂养轮虫，再用轮虫喂养海洋动物，使得海水养殖可以获得EPA高的生物饵料。这样一来，有了EPA营养的滋润，海洋动物就不易出现营养不良、发育畸形等疾病，更不易发生大量海洋动物幼体死亡的现象了。

下一个能源巨人

微藻，微藻，别看它们个头小小，本领可都不小。它们能够直接利用阳光、二氧化碳、含氮等元素的营养物质迅速成长，并且在其细胞体内合成大量的油脂。这些油脂有什么用途呢？只要经过生物冶炼就可以摇身变为生物柴油呢！仔细分析微藻的生命过程，你就会发现二氧化碳是微藻的消费品，即在培养微藻的过程中是可以大大减少二氧化碳的排放的。由此说来，称微藻为“下一个能源巨人”、“绿色油田”一点都不夸张。

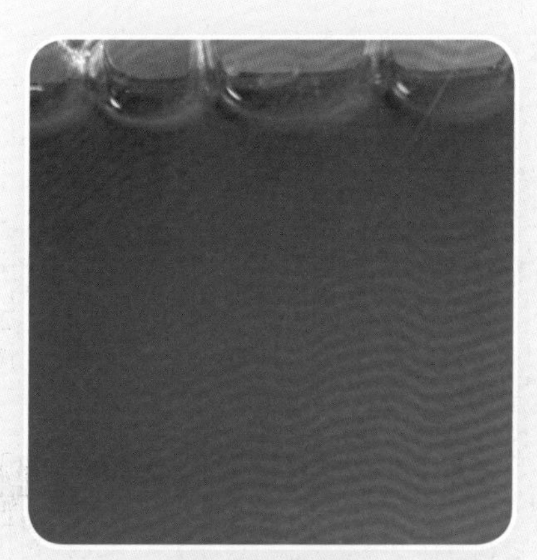

培养的微绿球藻

生物的用途是随着科学技术的发展不断地得以拓展的，也许有人会说作为饵料生物的微绿球藻有什么了不起，再说微绿球藻实在只能算生物界中的小不点。但是，我们不能因为它的小而忽视它，谁能断定微绿球藻就只能作为生物饵料的一个组成呢。随着科学技术的发展，微绿球藻以及其他海洋微藻的功能得到不断的发掘，微绿球藻培养技术取得日新月异的进步，其巨大的价值就会被发掘出来。至少，目前就已经有科学家发现了微绿球藻产油的巨大潜力。因为，微绿球藻个体虽小，但体内油脂含量高，再加上它的繁殖速度快，大量的微绿球藻聚集在一起，可通过浓缩后进行生物柴油的提炼。这一特点已经使微绿球藻在生物能源界赢得了不小的名气。我国已进行了微绿球藻产生物柴油的科学研究，并取得了一定的进展。说不定，不久的将来，我们就可以在某些领域里看到由微绿球藻生产出来的生物柴油了。

海洋大型藻类

海带、条斑紫菜等底栖植物在黄海觅得一处温馨的家园后，便会不离不弃，终生守候在那里。随着水波的荡漾，在海底的岩石上飘摇舞动，摇弄身姿。也正是它们的存在，使得黄海的海洋大型藻类格外的生机盎然。如果哪一天，你来到黄海海域附近的地区，可一定记着尝尝号称“长寿秘方”的海带汤和具有“神仙菜”美誉的条斑紫菜。如果能潜水一看生长在海底的海带和紫菜，见识一下它们在海底的风采，便会另有一番感受。

海带

海带，又叫昆布、江白菜。成片成片地生长在海底的岩石上，长带飘摇，随波舞动。海带味道鲜美，营养丰富，美名远播，人们称它为“碱性食物之冠”。然而，你知道吗，在20世纪20年代以前，海带并没有在中国大规模地出现。直到1927年，海带才真正开始了与黄海、与中国的缘分。

虽然《食经》、《名医别录》等书籍都有对海带的相关记载，但是这种冷水性两年生的褐藻，在当时的中国并不常见，实属稀罕物。直到1927年，海带才渐渐从日本附近的海域“乔迁”至中国海域。随手翻翻相关的资料，你就会发现在过去的山东沿岸海域，原来是没有自然生长的海带的。那时候，海带还是珍贵的“舶来品”，要想尝尝海带的味道，也只能是从日本、苏联等国进口。

海带

到了20世纪40年代中期，海带终于“入住”烟台自然海区，之后又扩散至威海和青岛等地。而到了50年代，随着海带全人工筏式养殖和自然光人工育苗试验的陆续成功，海带在黄海真正扎下了根，成为山东海水养殖的主要品种。在70年代末，山东海带的养殖面积就已经突破了12万亩，年产量达到了13.5万吨。这些令人兴奋的数据向人们传达出一个信息：海带的“家族势力”已经渐渐庞大起来了。的确，如果你到浙江、福建、广东等地逛一圈，你会见到不少海带的“亲戚”的。

不宜吃海带的人群

海带并不是所有人都适合吃的，比如准妈妈以及乳母就要少吃或者不吃。这是因为在中医药典中，海带被认为功能软坚、散结、化淤，不适宜孕妇或哺乳期妇女食用。除此之外，脾胃虚寒的人也不要吃。

在黄海海域，海带生长的范围主要集中于山东和辽东两个半岛的肥沃海区。提到海带，山东省会格外骄傲，因为其海带养殖面积和产量均占全国60%左右，居沿海省份之首。另外，山东省的海带质量也可谓全国之首，属上乘之品，尤其以烟台长岛小浩的海带质量最优。20世纪60年代中期以后，每年从山东调往内地各省市的海带都在万吨以上，在70年代末更是创下了3万余吨的佳绩。70年代初以来，全省每年出口的海带都在500吨左右，个别年份更是达千余吨。

海带采收

你知道吗？日本人长寿的秘诀之一，就是他们常饮用“海带汤”。那么，“海带汤”中有什么“灵丹妙药”呢？据科学研究，海带的提取物和制剂有缓解心绞痛、镇咳、平喘的功效，可治高血压、动脉硬化症。海带中的岩藻多糖对防止血管硬化、血栓和高血压都有药理效用。海带中的藻朊酸对人体内的放射性金属还有吸附和促排作用。另外，海带也是人类迄今为止发现的含碘量最高的食品，因此海带也成了人们防治甲状腺肿大最理想的食疗品。

营养如此丰富的海带，自然会受到人们的青睐了。在餐桌上，常会见到各式各样的海带菜肴，因为不管是凉拌、荤炒，还是煨汤，海带都不会令你失望。除了直接食用外，海带还可以制成海带酱油、海带酱和味粉，加工成的海带脆片也相当美味，倍受消费者的喜爱。对于海带，日本人的食用方式更为特别，他们常常把海带磨成粉，作为红肠等食品的添加剂；有时候还会把海带茶（又叫昆布茶）作为喜庆宴席上的高贵食品。

另外，在饮食界，海带可是有它的“最佳搭档”的，比如冬瓜和豆腐。海带含钙、磷、铁、维生素B族等营养物质，对利尿消肿、润

干海带

湿海带

海带菜肴

肠抗癌有食疗作用。冬瓜跟海带一样同属夏季清热解暑的食物，这两种食物搭配在一起，不仅能消暑，还有助于减肥瘦身。豆腐中的皂角苷能抑制脂肪吸收，阻止动脉硬化的过氧化物产生。但是，皂角苷会造成机体碘的缺乏，而海带中富含人体必需的碘。由于海带含碘多，也可诱发甲状腺肿大，豆腐与海带同食，让豆腐中的皂角苷多排泄一点，可使体内碘元素处于平衡状态。

海带

条斑紫菜

● 条斑紫菜

说到紫菜，条斑紫菜和坛紫菜会争先恐后地“跑来报到”。的确，它们同属紫菜，却居于不同的地方：坛紫菜的“生长基地”主要是在南方海域，而条斑紫菜则主要居住在北方海域，这不，黄海就是它的“地盘”。

我国的条斑紫菜主要分布在黄海、渤海，是我国长江以北地区人工养殖的主要品种。在黄海，条斑紫菜主要扎根于江苏省沿海，其中，南通和连云港是条斑紫菜的大本营，也荣膺全球条斑紫菜最大产区的桂冠。如今，江苏省的条斑紫菜养殖已经形成了一条金色产业链，使得世界条斑紫菜产业风起云涌。2005~2006年，江苏省的条斑紫菜栽培面积为16万亩，一次加工的干紫菜产量为19.55亿张，其条斑紫菜栽培面积和加工规模均占全国95%的份额，并且在世界条斑紫菜贸易总量中大约占据一半的份额。

在我国，紫菜的养殖历史非常悠久，但有突飞猛进的发展，还是始于20世纪70年代。近年来，我国从条斑紫菜中选育了许多新品种。

《本草纲目》载："紫菜，佐餐治病，食之益寿。"紫菜不仅鲜美可口，营养也很丰富，富含蛋白质、氨基酸及维生素A、B、C和碘、钙、铁、磷、锌、锰、铜等元素，对人体具有降低血清中胆固醇、预防动脉硬化、软化血管、降低血压，补肾、利尿、清凉、宁神，治夜盲、发育障碍等药用价值。

宋朝时，紫菜曾一度被列为贡品。这种味道鲜美、营养丰富的食用海藻，还有一个别名叫"神仙菜"，大概是觉得只有神仙才能吃到如此优质的食物吧。

你是不是常常有一个困惑，紫菜和海苔是不是同一种东西呢？紫菜，5元钱能买一大包，而海苔，同样的价钱

紫菜多糖

紫菜多糖占紫菜干质量的20%～40%，是紫菜的主要成分之一。多糖是构成生物体的一类十分重要的物质。近年来的研究显示，紫菜多糖具有多种调节机体免疫功能等生物活性，如通过促进淋巴细胞增殖与分化、刺激巨噬细胞的吞噬功能、促进细胞因子和抗体的产生等途径来实现对机体免疫系统功能的调节。研究表明，条斑紫菜多糖具有增强免疫力、抗衰老、抗凝血、降血脂、抑制血栓形成等作用。通过对动物的科学实验，已证明紫菜有抑制癌症的效果。

条斑紫菜

却只能买到可怜的几片。然而，这两种东西的味道确实没什么不同，到底紫菜能不能叫做海苔，海苔能不能叫做紫菜呢?

紫菜和海苔有内在联系。我们都知道，紫菜一般分为两个品种：盛产于南方的坛紫菜和盛产于北方的条斑紫菜。平日里我们所说的海苔，就是用条斑紫菜加工而成的。它的价格之所以比紫菜高，主要是因为海苔的“诞生”过程较为复杂，需要人们精心挑拣，再经过漂洗、粉碎、高温蒸压、去水和烘烤等多道程序加工，如此“千锤百炼”的诞生过程自然使其成本增加不少。所谓“慢工出细活”，多方程序打造的海苔，不仅外形美观，口感也比紫菜好很多。

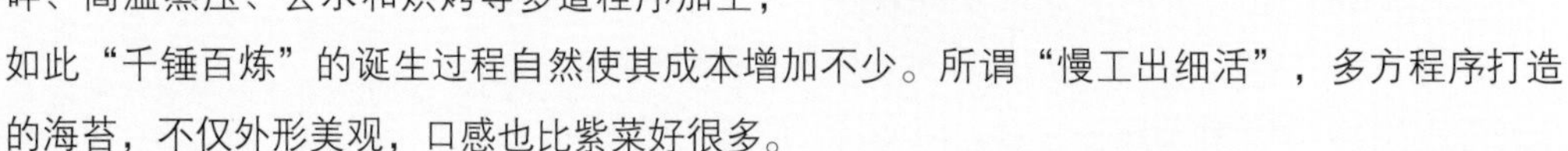

干海苔

干海苔是一种不错的零食，能改善微循环、增强免疫力、延缓衰老、减少癌症和心血管病的发病率。不过，干海苔的盐分和味精含量很高，一次的食用量最好不超过50克。

紫菜食品

紫菜寿司

动物世界

掬一捧黄海水，嗅一嗅海的清香，你可知道这些晶莹透亮的水珠哺育了多少黄海的儿女？瞧，琳琅满目的鱼类处处悠闲地吐着水泡，“生龙活虎”的“虾兵蟹将”常常“组团”大闹黄海。就连文静的黄海宝“贝”，也会时不时地散发一下诱人的贵气；“海中人参”也在高傲地炫耀自己的尊贵。俯瞰黄海，碧海群鱼跃，蓝天鸥鸟飞，现在，就让我们一起走进黄海的动物世界，大饱眼福吧。

鱼类家族

沐浴着骄阳的温暖，享受着海水的抚慰，在黄海中，琳琅满目的各式鱼儿悠闲地来回“散着步子”。长相怪异，天生喜好“非主流”打扮的半滑舌鳎，正在不紧不慢地吐着水泡；性情凶猛的蓝点马鲛，却正急匆匆地追赶着一群小鱼小虾。在它们的不远处，一群鳀鱼正面面相觑，商讨着什么。突然间，它们的秘密会议被一群趾高气扬的“海中狼”鲨鱼生生打断。接下来，黄海还会有什么故事上演？这群鱼类大家族，它们的故事永远讲不完。

工厂化养殖的大菱鲆

大菱鲆

古罗马时期，有一种鱼常被养在宫廷水池中，一到节庆之日，便将它奉为宴席珍品，皇宫贵族称它为“海中雏鸡”，这种来自欧洲的名贵鱼种就是由黄海水产研究所引入我国的大菱鲆。

大菱鲆主产于大西洋东部沿岸，自然分布区为北起冰岛、南至摩洛哥附近的欧洲沿海，俗称欧洲比目鱼，是东北大西洋沿岸的特有名贵鱼种之一。但是随着雷霁霖院士从英国引进大菱鲆，这种在中国被称为“多宝鱼”或“蝴蝶鱼”的海水鱼类在我国北方特别是黄海沿岸的山东省掀起了一场轰轰烈烈的养殖浪潮。

大菱鲆

大菱鲆的身体扁平，整体来看近似菱形，两只眼睛都长在身体的左边，青褐色的背面隐约可见点状黑色和棕色花纹以及少量皮刺，腹面则光滑白净。大菱鲆是深海底层鱼类，体色还会随环境而变化。大菱鲆幼鱼多以小型甲壳类和多毛类为食，成鱼摄食小鱼、小虾和较大的贝类等。从英国引进的大菱鲆性格也很“绅士”，很温顺，相互争斗和残食的现象非常少见。

温水性泥沙质、沙砾或混合底质，是大菱鲆理想的栖息地。大菱鲆对水温的要求还是比较严格的，所以引进养殖的海域只能是北方海域，其中以山东省和辽宁省的养殖面积最大。

大菱鲆对不良环境的忍受能力较强，喜欢集群生活，它们常常多层挤压在一起生活，除了头部，重叠面积超过60%。不用担心，它们习惯于这种生活方式，不会营养不良，也不会生活不便。

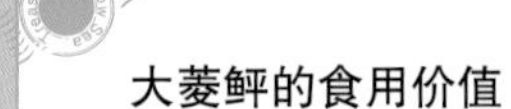

大菱鲆的食用价值

大菱鲆皮下和鳍边含有丰富的胶质，具有很好的滋润皮肤和美容的作用，且能补肾健脑，助阳提神；经常食用，可以滋补健身，提高人的抗病能力。我国的食用方法为清蒸、清炖。大菱鲆也是做生鱼片的好材料，其鱼头、骨、皮、鳍可以做汤。

你看，大菱鲆这种名贵鱼，是不是有许多十分诱人的优点——性格温驯、体型优美、肉质丰厚白嫩、骨刺极少、内脏团小、出肉率高，其鳍边含有丰富的胶质、口感滑爽滋润，有近似甲鱼的裙边和海参的风味，营养价值很高，是理想的保健和美容食品。大菱鲆除了可供食用外，还可以作观赏鱼，当然养鱼的时候一定要注意温度，让大菱鲆在适宜的生活环境中惬意地悠哉游哉。

半滑舌鳎

夏天，海水鱼类大多身体消瘦，半滑舌鳎却体肥肉厚，有“伏天吃鳎目”之说。这种盛产于黄海的半滑舌鳎是我国传统名贵鱼类。在北方人的眼中，名贵鱼类有三：“一鲆（牙鲆）、二镜（银鲳）、三鳎（半滑舌鳎）”，半滑舌鳎就是其中之一。

半滑舌鳎

半滑舌鳎肉

半滑舌鳎也是比目鱼家族的一员，两只眼睛均位于身体的左侧，背鳍、臀鳍均与尾鳍相连，没有胸鳍，它的身体像宽宽的舌头，又像鞋底，所以舌头鱼、牛舌、鞋底鱼都是它的俗名。

孤僻、集群性不强是半滑舌鳎的性格，平常分布得较为分散，行动缓慢、不爱活动，除了觅食游动以外，都潜伏在海底泥沙中，只露出头部或者两只眼睛，是一种比较“宅”的鱼。

半滑舌鳎为近海暖温性鱼类，大多生活在黄、渤海浅水区，栖息水深5～15米。半滑舌鳎比较“依赖”家，可以终年生活在沿岸海区。半滑舌鳎还喜欢清新的水质，如果水中悬浮物太多，就会影响它的正常呼吸，不利于其摄食和生长。

破解半滑舌鳎的基因组成

2008年，黄海水产研究所与深圳华大基因研究院共同研究的半滑舌鳎全基因组测序和基因图谱绘制研究项目圆满完成。这是我国完成的第一个鱼类基因组测序项目和全基因组序列图谱，使半滑舌鳎成为世界上第一个测定了全基因组序列的鳎类。

半滑舌鳎为底栖生物性鱼类。其食性很广，食物种类为十足类、口足类、双壳贝类、鱼类、多毛类、棘皮动物类、腹足类、头足类及海葵类等9个生物类群的50余种动物。寻找到食物后，半滑舌鳎会先将适口的小型食物压在嘴下，然后吞下。

半滑舌鳎终年栖息于近海，不做远距离洄游，适盐度广、适温宽、食物层次低，在比目鱼类中占有重要的地位，是理想的近海增殖对象。黄海水产研究所早在20世纪90年代就对半滑舌鳎早期发育及人工育苗基础进行了初步研究，成功地培育出优良苗种数千尾。我国沿海地区的半滑舌鳎养殖已然铺展开来，年产值达15亿~20亿元。

● 圆斑星鲽

圆斑星鲽

在我国黄海海域，有一种鱼，身体呈卵型，嘴巴大大的，身体扁扁的，在它的鳍上有一些黑色的圆形斑点。这种鱼叫做圆斑星鲽，俗名叫做花斑宝、花豹子、花瓶鱼、花片和鼓眼。

不像一般动物那样左边和右边是一样的，它并不对称，两只眼睛长在身体的右侧。这个特征很显著也很重要，特别是在你分不清它是鲆鱼还是鲽鱼的时候，只要记得“左鲆右鲽”就行了，对照前面讲的，大菱鲆眼睛长在左侧，就知道这句话是很有道理的。而且，有眼睛的一侧身体颜色要深一些，呈暗褐色，不长眼睛的一侧是黄色或者白色，有时还有些暗褐色的小斑点。在海底生活时，圆斑星鲽是不长眼睛的一侧趴在水底，有眼睛的一侧朝着水面。

圆斑星鲽吃的东西种类可多了，像小杂鱼、小虾、小蟹子、小型贝类，它都吃，像沙蚕这样的大多数鱼类喜欢吃的生物它自然也喜欢吃。当然上面说的这些，主要是它在自然环境下生活时的食谱，如果被人们养殖起来，它想吃什么自己说了不算，只能被动地吃人们根据它们生长和营养的需要配好的饲料了。有的时候，人们也会加点鲜杂鱼在饲料里面让它们尝尝。

圆斑星鲽在养殖4年以后，雌鱼能达到3千克，而雄鱼就长得慢了，只能长到0.7千克的样子。这是因为它们的性别不一样，发育的情况也不一样。

圆斑星鲽的肉质洁白如玉，味道很鲜美，并且营养很丰富，但是由于被人们大量捕捞，野生的资源已经很少了，人们只能通过科学研究后，进行人工养殖，并通过突破技术“瓶颈”，建立大规模培养的体系。圆斑星鲽人工大量养殖后的前景十分广阔。

● 鳀鱼

鳀鱼，并不是一直就深受人类的欢迎。因为它们的脂肪含量很高，还容易腐败，所以人们都不爱搭理它。但是，渐渐地，人们开始发现从鳀鱼中是可以提取鱼粉和鱼油的，而且经济效益还不低，所以在20世纪90年代，便出现了一股鳀鱼“热”。那时候，黄海的鳀鱼也相当给力，年产量曾高达300万～400万吨。

鳀鱼，属温水性小型中上层鱼类，它们的居所很广，处处留情。在西太平洋，北至库页岛南部，南到台湾海峡，均可以看到嬉戏游玩的鳀鱼。在我国，无论是东海、黄海，还是渤海，也可以看到鳀鱼的身影。据黄海水产研究所在20世纪80年代后期的一次调查评估，我们惊喜地发现，仅仅东海和黄海两个海域，鳀鱼的数量就高达300万吨以上。

来到黄海海域，鳀鱼“比肩接踵”的场景一定会令你惊讶，因为黄海是鳀鱼最心仪的地方。在20世纪90年代以后，鳀鱼的曝光率越来越高，人们开始对其进行研究培育，使其一跃成为我国单鱼种产量最高的鱼类。

鳀鱼

吃过鳀鱼干粉的人，一定会对其鲜美的味道赞不绝口。那么它们究竟是如何制成的呢？首先，将刚捕获的鳀鱼的内脏和头去除；然后，层层叠放于大桶中，每摆放一层便撒一层盐；最后，在通风处用大石头加压，腌渍三个月。三个月过后，再将其蒸煮、烘干、粉碎即可。

鳀鱼

● 蓝点马鲛

“山有鹧鸪獐，海里马鲛鲳”，其中的“马鲛鲳”说的就是帅气的蓝点马鲛，常被称为鲅鱼。在我国沿海一带，想要目睹蓝点马鲛的风采，不是什么难事，因为它们遍布于渤海、黄海和东海。但是要说哪里的蓝点马鲛最多，那一定就是黄海了，在过去，黄海蓝点马鲛的产量能够占到我国产量的2/3～3/4。

蓝点马鲛，并不是什么慈善之辈，它们性情凶猛，号称“海中杀手”。它们的外形极为抢眼，“流线型”的身材使得它们游动速度很快，因此人们又称它们为“飞鲅”。在海中，蓝点马鲛大多在海面下

甩大鲅

对于爱钓鱼的人来说，追钓鲅鱼也是一件让人快活的事情。春季来临，成群结队的大鲅鱼在黄海游弋，追着小鱼小虾由黄海北部向南洄游，途经外长山列岛海域。这时就可以驾驶着船艇严阵以待，准备“甩大鲅”了。

◀ 蓝点马鲛

蓝点马鲛

1～3米处捕食小鱼小虾，有时候也会潜入海底进行捕食活动。在捕鱼时，它们银光闪亮的身体常常蹿出海面，好似凶猛的猎豹一般疾速截杀猎物，使得上层水中的小型鱼类往往猝不及防，丧生于它锋利的牙齿之下。

蓝点马鲛，肉色发红，坚实细腻，呈蒜瓣状。可以说它就是饮食界的“常客”，无论是红焖，还是清炖，味道都非常鲜美。但是，在食用这道珍馐的前后，最好不要喝茶。另外，蓝点马鲛的脂肪含量比较多，容易发生油烧现象，在烹饪时要多加注意。除此之外，蓝点马鲛还是医药界的“佼佼者”，它富含蛋白质、维生素A、矿物质等营养元素。在中医看来，蓝点马鲛有补气、平咳的作用，经常食用，对于体弱咳喘的人群有一定益处。另外，它还具有治疗贫血、产后虚弱、神经衰弱，预防衰老等功效。

蓝点马鲛菜肴

● 太平洋鲱

青色身，银色光，流线型体，背部呈深蓝的金属色，这就是太平洋鲱。在中国，黄海是太平洋鲱的聚集区。太平洋鲱鱼肉多细刺，但是味道鲜美。它的肉可制鱼糜，或加工制作罐头。此外，太平洋鲱的鱼卵大，富含营养，是我国重要的出口水产品之一。

太平洋鲱是西北太平洋冷水性鱼类，喜欢吃桡足类、翼足类和其他浮游甲壳动物以及鱼类的幼体。它分布在北太平洋两岸。黄海冷水团的存在，让这里诞生了——黄海鲱，它是太平洋鲱的一个地方性种群，它们终年生活在北纬34° 以北的黄海海域。

每年早春3～4月份，在山东半岛东部荣成、威海沿岸浅水区，太平洋鲱开始产卵。产卵后，鱼群即游向外海深水区。到了夏天，太平洋鲱就在黄海中北部、水深60～80米的海域找食物吃。秋天，太平洋鲱游动的范围缩小，冬末，鱼群就会向北洄游。

太平洋鲱渔业在北方有悠久的历史，但是资源盛衰交替，并不均衡，盛期年捕捞量能达到10万吨左右，衰期则不足4000吨。

太平洋鲱

太平洋真鳕

和太平洋鲱一样，太平洋真鳕也是冷水性经济鱼类，它在黄海的分布和黄海冷水团息息相关。

太平洋真鳕，头大，口大，吻长且钝，因为它的大头和大口，所以人们又叫它“大头鳕”、“大口鱼”、“大头腥”。太平洋真鳕是重要的经济鱼类，在太平洋北部沿岸海域都有分布，范围从我国黄海，经韩国至白令海峡和阿留申群岛，沿太平洋东海岸的阿拉斯加、加拿大至美国的洛杉矶一带沿海，1994～1998 年的世界年均产量达41. 5 万吨。

我国太平洋真鳕主要产于黄海，年产量最高曾达2. 6万吨。太平洋真鳕不会长距离洄游，只会做短距离的移动，春末夏初在北方水域的栖息水层比较浅，秋季就会向南游，栖息在较深的水层里面，冬天就集中到大陆架边缘较深的海域里生活。

太平洋真鳕在黄海一般栖息在水深50～80米的泥沙或软泥底质海区。它们不“挑食”，摄食的范围也很广，幼小时太平洋真鳕主要吃桡足类、端足类和小型甲壳类；长大以后，它的食谱里面就包括玉筋鱼、小黄鱼幼鱼、长尾类、短尾类、沙蚕，以及箭虫、磷虾等。这样一来，你一定看出来太平洋真鳕的胃口有多好了，基本上是小的鱼和无脊椎动物都成了它的美餐。

太平洋真鳕不只是经济鱼类，还是药用鱼类，它的肉、骨、膘和肝都能入药。它的鱼肝含油量很高，且富含维生素A、维生素D，可以加速褥疮、烧伤、外伤创面的上皮形成，同时也是制作鱼肝油的上佳原料。

太平洋真鳕

太平洋真鳕鱼肉

太平洋真鳕的价值

太平洋真鳕肉色白、鱼刺少，是一道鲜美的盘中美餐。除可鲜食，还可加工成鱼干、腌制品、鱼糜制品等，是西方人爱吃的一种海鱼。太平洋真鳕一直是西方水产品市场最主要的食用白肉鱼之一。在欧盟（EU）白肉鱼的进口中，太平洋真鳕一直占有重要的位置。

鲨鱼

“每次碰见这些深海‘战斗机’，我们总能被它们优美的身姿所折服。瞧，它们那微微张嘴的游泳姿势，锋利的牙齿，总能令你顿生敬佩之情。” 摄影师克里斯法奥斯如是说。这些深海“战斗机”是谁呢？其实就是凶神恶煞的大鲨鱼了。在黄海，鲨鱼的家族并不单一，其中以真鲨科种类最多，其次是皱唇鲨，最后是角鲨科。

看过电影《大白鲨》的朋友，一定不会忘记那条恐怖的食人鲨吧，确实，鲨鱼有着“海中狼”的称号！因为它是肉食性鱼类，总是用它们锋利的牙齿去撕咬嘴边的猎物，它们的牙齿究竟锋利到了什么程度？——可以轻而易举地咬断一根手指般粗的电缆。另外，鲨鱼的牙齿有5～6排，除了最外排的牙齿真正拥有牙齿的功能外，其余的几排都是留着备用的。也就是说，一旦最外一层的一颗牙齿脱落后，里面一排的牙齿便会马上向外面移动，用来补充那颗脱落的牙齿的空穴位置。如此阵列十足的牙齿，其外形并不统一，有的牙齿长得利如剃刀，有的牙齿天生就是锯齿状，还有的牙齿呈扁平臼状。这些形态各异的牙齿各有各的功能，分工明确，使得鲨鱼“吃嘛嘛香”。

鲨鱼与人类

在数百种鲨鱼中，只有少数几种才会吃人，比如大白鲨、鼬鲨和公牛鲨。因为鲨鱼需要相当多的脂肪来补充能量，而人的脂肪相对来说比较少，根本无法满足它们的需要，所以在它们的食谱上，人类很少上榜。

鲨鱼

另外，鲨鱼的嗅觉非常敏锐，尤其是对血腥味极为敏感。即便伤病的海洋生物少量出血，鲨鱼也会闻“腥”赶来，因为它的嗅觉比狗还灵敏，可以嗅出水中百万分之一浓度的血腥味来。

虽然鲨鱼号称“海中霸王”，但是在神奇的大自然中，鲨鱼也有其敌不过的“克星”——逆戟鲸。真可谓“一物降一物”。在海洋里，你可以看到这样的场面：凶狠的鲨鱼在遇到逆戟鲸时，小心翼翼，丝毫不敢嚣张。因为逆戟鲸的牙齿非常锋利，再加上逆戟鲸总是集体行动，往往是几十头一起“出征”。所以，即便是再骄傲、再轻敌的鲨鱼，只要碰到了逆戟鲸，就会狼狈地迅速逃跑。如果时间来不及的话，鲨鱼就会利用它们的“小聪明”，将腹部朝上装死，以便逃过逆戟鲸的“法眼”，因为鲨鱼知道逆戟鲸不喜欢吃已经没有生命征兆的食物。当然，不可能所有的鲨鱼都会顺利逃亡，即便它们顽强抗战，最终也会被逆戟鲸的轮番战术折腾得筋疲力尽，逃不过被杀的命运。

“嘭”的一声，一只巨大的鲨鱼被无情地抛入大海。只见它痛苦地张着嘴巴，试图再努力呼吸一下海面上的新鲜空气，但是就是这样微小的愿望对它来说都是一种致命的伤痛。因为此时的鲨鱼已经失去了它的平衡器官——鳍，所以每一次呼吸，它的伤口就会伴之以剧烈的疼痛。没有了鳍，即便鲨鱼再怎么奋力挣扎，它也没有办法再像往日那样游动起来，它只能是垂直下沉，在湛蓝色的海水中留下一道鲜红的弧线，这也是它此生最后一次“游泳”，因为等待它的将是冰冷无情的海底泥沙，它只有慢慢地等待死亡，除此之外，别无他法。

为什么往日骄横的鲨鱼，会落得如此下场？这还得问问我们贪婪的人类。自清代起，鱼翅便被列入“海味八珍”中，成了餐桌上的奢侈品。更有习语这样说道：“无翅不成席”，可见人们对于鱼翅的痴迷程度。你可知道，正是这一味珍馐，开启了鲨鱼的噩梦！为了获取鲨鱼鳍，人们会用那沾满血腥的电锯，将鲨鱼的鱼鳍割下，以此来获取鱼翅食材，满足人类的口腹之欲。据相关数据估计，每年都有近一亿头鲨鱼被杀，其中7000万多头都是出于鱼翅贸易。看到这组数据，你是否也在心痛？

为什么鲨鱼体内汞的含量高

据美国食品药品管理局的数据显示，鲨鱼是汞含量最多的四种海产品之一，而且其含汞量高居首位。这是因为，人类常常将含有汞污染的工业废水排放到海洋中，这便使得鲨鱼体内的汞含量不断增加。另外，鲨鱼处于海洋食物链的顶端，因此在吞食了其他被汞污染的鱼类后，其体内的汞便会越积越多。

明代李时珍在《本草纲目》中曾有这样的记载：“鲨鱼……形并似鱼，青目赤颊，背上有鬣，腹下有翅，味并肥美，南人珍之。”可见，在当时中国的东南沿海一带，食用鱼翅已经成为一种时尚，这也是对中国人食用鱼翅的最早记载了。鱼翅为什么会如此受人们的追捧？这是因为鱼翅中含有多种蛋白质，如软骨黏蛋白和软骨硬蛋白等，还含有降血脂、抗动脉硬化及抗凝成分。据说，每天都坚持服用一些鱼翅粉，便可以防治冠心病。另外，鱼翅中含有丰富的胶原蛋白，有利于滋养、柔嫩皮肤黏膜，是很好的美容食品。

“没有买卖，就没有杀害。”姚明在一个保护鲨鱼的公益广告中如是说。另外，姚明在出席由美国野生救援协会组织的“护鲨行动从我做起”活动中，也郑重声明：“我本人在任何时间、任何情况下都拒绝食用鱼翅。为了我们的未来，请和我一起来保护濒临灭绝的野生

鲨鱼杀戮买卖

鲨鱼杀戮买卖

动物。时代在发展，面对‘金钱动力’和‘口腹之欲’，我们应该反省。”的确，面对无辜的鲨鱼，我们也应该奉献自己的一份力量呢!

在海洋生态系统中，鲨鱼的作用不容小视，因为它们处于海洋食物链的顶端，所以它们的存在对于很多海洋生物来说是必不可少的一环，否则，海洋食物链就会紊乱，海洋生态也会随之遭到严重的破坏。譬如，在北美洲西海岸，随着鲨鱼数量的日渐减少，原本位于美洲南岸至阿拉斯加的巨型洪堡德乌贼“后来居上”，数量猛增，严重扰乱了当地的生态环境。因此，为了很好地维持生态系统的稳定以及保护生物多样性，我们应该保护鲨鱼，防止这种曾和恐龙生活于同一个时代的生物陷入灭绝的境地。

● 红娘鱼

它体色红润、身体苗条，是黄海海域中的“一抹红”，这就是红娘鱼，它并不是鱼儿们相亲时的媒人，而是“红色的娘子”。这种底层海产鱼类世界上有70种，我国分布有14种。翼红娘鱼、贡氏红娘鱼、深海红娘鱼、岸上红娘鱼、日本红娘鱼、短鳍红娘鱼和斑鳍红娘鱼等都是“红娘”家族的成员。

在黄海水深50~190米的泥沙底质海区，常常能见到用胸鳍游离鳍条在海底匍匐爬行的红娘鱼。30厘米左右的体长，让它身小灵动。其实它也不是通体红色，在胸鳍内侧面还有一部分皮肤呈蓝灰色，有时还有斑点。它吃什么呢? ——它以底栖无脊椎动物和鱼类为食。每年3~4月红娘鱼群都会从黄海越冬场北上生殖洄游，秋末冬初向南越冬洄游，4~5月为捕捞盛期。

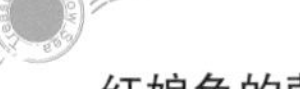

红娘鱼的营养价值

红娘鱼的鱼肉非常鲜美，高蛋白、低脂肪，叶酸、维生素B_2、维生素B_{12}、矿物质含量丰富，口味好，易于消化吸收，能滋补健胃、利水消肿、通乳、清热解毒、止嗽顺气。

红娘鱼

盔甲卫队

在烟波浩渺的海洋里，除了形态各异的鱼类外，身披盔甲的虾兵蟹将，也整日列队巡逻在大海的各个角落中。它们有的伸展着长长的“胡须”，到处寻觅食物；有的则仗着冗多的肢或腿处处横行霸道，留下丝丝印记，好像在告诉其他同类它曾“到此一游”。在黄海中，青中衬碧、玲珑剔透的中国对虾，是个十足的“小清新”；被誉为“龙须金钩”的鹰爪虾，造型像极了雄鹰的爪子；而“白似玉，贵似金”的三疣梭子蟹，一个个雍容华贵……黄海的“虾将蟹领”，真的令人惊叹！

● 中国对虾

中国对虾，天生就是个个性十足的“魔术师”。在它们鲜活的时候，它们身披一件青中衬碧、玲珑剔透的外衣；但被煮熟后，它们便换上一件通体红橙的衣裳，色艳悦目。在黄海，只要你细心找寻，被誉为“虾中上品”的中国对虾就会跃入你的眼帘。

优质中国对虾的特点

体表清洁，色泽鲜艳，呈自然色；虾体完整，甲壳与虾体连接紧密，头胸部和腹部连接膜不破裂；肉质紧密，富有弹性，具有鲜虾固有的气味。

在黄海北部的海洋岛和鸭绿江口附近水域，黄海西部的山东半岛南岸的靖海湾、五垒岛湾、乳山湾、丁子湾、胶州湾和海州湾等附近水域，以及黄海东部朝鲜半岛西海

中国对虾

岸的仁川沿岸，都是中国对虾的产卵场。中国对虾，喜欢栖息于水质混浊、底质为软泥沙的浅海，吃些底栖生物。它们天生喜欢“长途跋涉”，有长距离洄游的习性，冬季来临之时，它们便会“呼朋引伴”地集结成群，洄游到黄海南部较深的水域。久而久之，渔民们便熟知了中国对虾的这种生活习性，所以他们多会选择在秋末捕捞中国对虾，收获自然是丰盛。

俗话说：“宁吃对虾一口，不吃杂鱼一篓。”的确，中国对虾肉质鲜嫩味美，营养丰富，是烹制“烤对虾”、“三彩虾”和“溜虾仁”等山东传统名菜的主料。经常食用，还有补肾壮阳，滋阴、健胃的功效，对阳痿、筋骨疼痛、手足搐搦、全身瘙痒、皮肤溃疡等症也有一定的作用。另外，中国对虾的虾壳也是一剂良药，对医治神经衰弱、头疮、疥癣等病症有很好的效果。

肉质鲜嫩的中国对虾，自然深受人们的青睐，然而，随着市场需求量的不断增加，仅仅依靠海洋供给的天然生长的中国对虾，是远远不能够满足垂涎三尺的消费者的。所以，自1997年开始，黄海水产研究所便开始了中国对虾快速生长养殖新品种的选育研究工作。到2003年已经成功选育到了第7代，并且成功培育出“黄海1号”中国对虾的养殖新品种。极好地解决了我国对虾养殖业的几个难题，如苗种生长不稳定、抗逆性差、性状退化严重等。

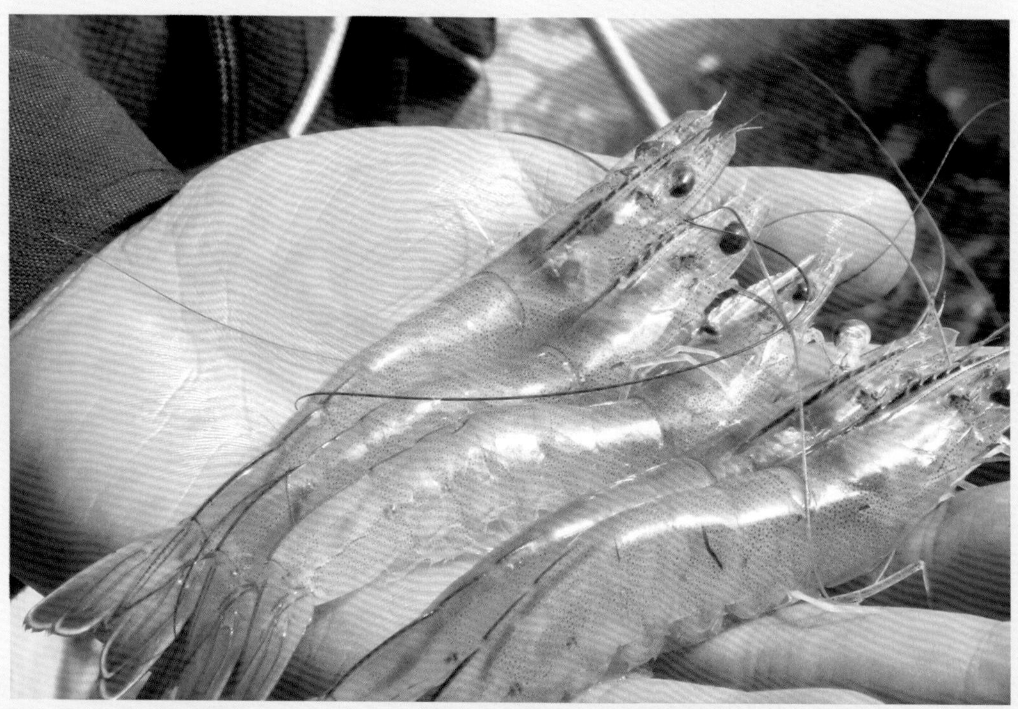

中国对虾

● 鹰爪虾

如果有人跟你提到“立虾、厚皮虾、沙虾、红虾、鸡爪虾”这些名字，别慌，其实说的都是鹰爪虾。鹰爪虾，果然名不虚传，它们腹部弯曲，形如鹰爪。白日里，它们钻入沙子中，舒舒服服地做着“白日梦”；而一到夜晚，它们便慢慢地从泥沙中爬出来，在水中自由游动觅食。

鹰爪虾

鹰爪虾喜欢将自己的家园建筑在近海的泥沙海底。在黄海海域，鹰爪虾的产卵场遍布沿岸的各个海湾和河口附近，其中，山东半岛北岸是鹰爪虾生殖和越冬洄游的必经之路。每年的4月上旬至5月下旬，在山东省荣成至长岛沿岸的近海诸渔场，都会形成捕捞鹰爪虾的旺汛。据相关数据统计，仅山东省鹰爪虾的年产量就占黄、渤海总产量的80%左右，其中烟台、威海两市的产量能占到全省的90%。

如果海米哪一天突发奇想，想要论资排辈的话，那么鹰爪虾加工而成的干品，一定是海米中的“佼佼者”。它们体表光滑洁净，色泽杏黄微红，体形前部粗圆，后端尖细而带弯钩，就像一个个“金钩”，故而它们便有了“金钩海米”的美誉。在黄海一带，烟台和威海两市都是山东省海米的主要产区，尤其是山东省威海市的荣成龙须岛所产的海米，香而略甜，色泽橙黄，驰名中外，更有“龙须金钩”的美誉。

优质海米的特点

海米以个大均匀、体型完整、肉质丰满、身净光洁、色杏黄、干度足、有光泽者为上品。

金钩海米

黄海宝“贝”

黄海荡漾，摇曳着海浪的音符，追逐着天际的云彩。然而，总有一些家伙，懒洋洋地躺在岩石上或者海底，一动不动地任凭外界多么的喧嚣热闹，仿佛它们的世界只容许它们自己占据。瞧，外表光鲜亮丽的栉孔扇贝，“傻大个”虾夷扇贝，名字洋气的“百味之冠”菲律宾蛤仔，还有贝中“贵族”的皱纹盘鲍等，都沉浸在它们自己的世界中，时不时地张合一下阔“嘴”，砸吧砸吧黄海的味道。

● 栉孔扇贝

栉孔扇贝，称得上是扇贝界的“选美冠军”，它们的相貌非常美丽。两个长有放射肋的贝壳，形若撑开的扇子，褐色的壳面上还“镶嵌”着一丝丝灰白或紫红色的纹彩。也正是因为它们的美貌，使得它们的壳常常成为海滨旅游区纪念品摊架上的“座上客”。在黄海海域，潮间带至水深60米的地方，就常年栖息着成群的栉孔扇贝。它们整日都坚持用足丝附着于岩石、珊瑚礁或者贝壳上，接受水波的抚摸。

栉孔扇贝理想的家园，是修筑在低潮线以下，水流较急，盐度较高，透明度较大、水深10～30米的岩礁处或者是有贝壳砂砾的硬质海底处的。平日里，它们的壳通常是张开的，以便滤食海水中的单细胞藻类和有机碎屑以及其他小型微生物。有时候，它们想要悠闲一阵的话，便会右壳朝下，并且将自己的足丝附着侧卧于附着基上。

栉孔扇贝菜肴

栉孔扇贝菜肴

栉孔扇贝也会游泳吗？那是当然。它们是可以做短距离的游泳运动的，只不过它们是依靠开闭双壳进而依靠排水的反作用力向前推进游动的。对了，栉孔扇贝不是还有足丝吗？难道足丝不会成为它们自由遨游的牵绊吗？当然不会，因为在栉孔扇贝准备“起航”之时，便会发出一声脆响，同时通过闭壳运动使这些足丝脱落。

栉孔扇贝生长对水温的要求

栉孔扇贝很“抗冻”，在水温0℃以下也能够成活，但是最好不要在4℃以下养殖，此时它几乎不能生长。栉孔扇贝最适宜生长的温度是15℃~20℃，一旦超过25℃，它们的生长也会受到抑制。

栉孔扇贝总是“随遇而安”，在我国北方沿海地区都有分布。在黄海一带，它们主要“扎营”于山东省石岛、文登等地。其中，以山东省蓬莱市的栉孔扇贝最为著名。据相关史料记载，早在5000年以前，蓬莱沿海地区的渔民就已经对栉孔扇贝进行采捕了。在20世纪70年代，人们为了保证栉孔扇贝的可持续供给，开展了栉孔扇贝人工育苗和养殖技术的研究，并且大获成功，至此，蓬莱栉孔扇贝的养殖规模迅速扩大。根据1982年的相关资料显示，当时蓬莱近海的扇贝自然分布面积就将近20万亩，到90年代之后，蓬莱市的栉孔扇贝养殖面积更是突破了2.4万亩，年产量超过8万吨。

● 虾夷扇贝

在“扇贝家族”中，虾夷扇贝绝对算个“大个儿”，虽然它们在生长过程中一点都不着急，但是随着时间的推移，它们总能长到10厘米以上。

虾夷扇贝，其贝壳呈扇形。右壳较为突出，呈黄白色；左壳稍平，较右壳稍小，呈紫褐色。在其壳表均有15～20条的放射肋，并且其两侧的壳耳都有浅的足丝孔。另外，在其壳顶的下方长有三角形的内韧带。

黄海海域向来是虾夷扇贝最喜欢的乐园，因为这里拥有一望无际的底质坚硬、淤泥少、盐度高的海底。尤其是在獐子岛和海洋岛，简直就是虾夷扇贝的“乐活居”，人们常常将獐子岛和海洋岛并称为虾夷扇贝养殖的“双雄”。

为什么叫“虾夷”扇贝

虾夷扇贝的“第一故乡”，位于俄罗斯千岛群岛的南部水域、日本北海道以及本洲北部。在古时，人们习惯将日本北海道地区称为“虾夷”，因此，便有了虾夷扇贝的说法。

海洋岛

獐子岛

海洋岛

享誉盛名的獐子岛，其附近海域是目前我国最大的虾夷扇贝底播增殖区，也是世界上最大的“海洋牧场”，面积达2000多平方千米。值得一提的是这片广袤“海洋牧场”的水质，它可是经过国家水质检验的一级水质。基于如此优越的条件，在2010年，獐子岛虾夷扇贝的底播面积就达到了230万亩，虾夷扇贝产量达5万吨。

面对佳誉不断的獐子岛，海洋岛也不甘示弱。其虾夷扇贝的生产基地，地处黄海海域，水流畅通，营养盐类丰富，海水理化因子稳定，周年低温，水质清澈，是虾夷扇贝生长的天然理想之地。

虾夷扇贝闭壳肌的构成非常特殊，不仅含有丰富的蛋白质、脂肪、糖类、钙、磷、铁，还含有一种具有降低血清胆固醇作用的代尔太7-胆固醇和24-亚甲基胆固醇。仗着如此富集的营养成分，虾夷扇贝便能够在医学界“稳稳立足”了。不错，适量地食用虾夷扇贝，就有抑制胆固醇在肝脏合成和加速排泄的独特作用，使得体内的胆固醇含量渐渐下降。

除此功效之外，虾夷扇贝还有更加神奇的作用。因为在其体内含有丰富的不饱和脂肪酸EPA和DHA。据医学专家介绍，EPA能够大大减少血栓的形成和血管硬化的现象；DHA可以促进智力开发和提高智商，也可以降低阿尔茨海默病的发病率。另外，近年来，专家们还从虾夷扇贝的闭壳肌中提取出了一种具有破坏癌细胞功效的糖蛋白。

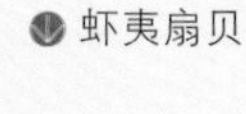
虾夷扇贝

菲律宾蛤仔

菲律宾蛤仔

菲律宾蛤仔，南方称花蛤，辽宁称蚬子，山东称蛤蜊。它们，被誉为“天下第一鲜”、“百味之冠”，与牡蛎、缢蛏、泥蚶并称为我国传统的“四大养殖贝类”；它们肉质鲜美，在江苏民间有“吃了蛤蜊肉，百味都失灵”的美誉。近年来，我国的菲律宾蛤仔的养殖产量一直很高，其中，黄海海域的贡献不可小视。

自南向北，菲律宾蛤仔都有分布，黄海海域的胶州湾、石岛、大连湾最多。

菲律宾蛤仔的食性

“快乐”的菲律宾蛤仔，常常会在穴中随着潮水的降落做上升下降的运动。它们对食物的种类一般没有选择性，食料多以底栖硅藻为主，常见的有舟形藻、菱形藻、圆筛藻等。另外，它们也食用一些有机碎屑。

胶州湾湾内潮间带、潮下有大片的泥沙底，十分适合菲律宾蛤仔的生长，这里是菲律宾蛤仔的分布中心之一，蛤仔种群数量大，栖息密度高，它肉质鲜嫩可口，采挖容易，一直是青岛地区主要的经济贝类之一，也是重要的渔业捕捞对象。

名字略显洋气的菲律宾蛤仔，喜欢生活在风浪较小、潮流通畅、底质平坦的有淡水注入的内湾或河口附近的细沙质海滩中。平时，菲律宾蛤仔常常将自己的身体“活埋”于泥沙中，只剩水管伸在沙外进行摄食、排泄和呼吸。一般说来，它们埋栖的深度多为3～15厘米，其穴居深度会随着季节的变换和个体大小的不同而变化。相比较而言，冬、春两季，个体“魁梧”的菲律宾蛤仔潜居较深；而秋季产卵后，个体“娇小”的菲律宾蛤仔潜居较浅。

翻开《中华本草》，就会发现菲律宾蛤仔的不凡之处：“味甘、咸，性寒”，有滋阴清热、安神定志、平肝潜阳、明目退翳、化痰止咳、软坚散结、收敛固涩、利尿通淋、制酸止痛、强壮滋补等功效。明代李时珍的《本草纲目》也有相关记载：“蛤类之利于人者。”

现代，随着医学技术的发展，人们又发现菲律宾蛤仔还具有一定的抗肿瘤、提高免疫力、降脂、抗炎、抗衰老等生物学活性，而且没有副作用。因此，我们完全可以说菲律宾蛤仔作为一种绿色的生物医药产品一定会具有很大的发展潜力。

另外，药效高超的菲律宾蛤仔，还是一味美食呢。其细嫩的肉质，使得味道十分鲜美。所以，不管是煮着吃，炒着吃，还是拌着吃，都不会令你失望。

辣炒蛤蜊

煮过后的菲律宾蛤仔

皱纹盘鲍

皱纹盘鲍，大的像茶碗，小的如铜钱。在黄海水质清澈、盐度较高、潮流畅通、海藻丛生的几米至十几米水深的岩礁地带，你常常能看到那些靠着粗大的足和平展的跖面吸附在岩石上的皱纹盘鲍。皱纹盘鲍的性情很是温和，它们常常一动不动地待在水底，安安稳稳地“过着日子”。

皱纹盘鲍，只有一片壳，其外形与人的耳朵非常像，因此人们常常亲切地将其称作“海耳”。在这只“耳朵”里面，包着一块蘑菇似的肉，这就是它肥大的足肌。可别小看这块足肌，它非常重，大约能够占到整个皱纹盘鲍体重的40%。另外，足肌非常有力，能够紧紧贴在石壁上，并且其附着力相当惊人。

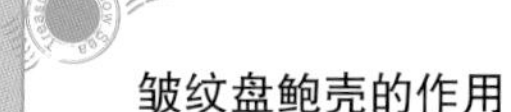

皱纹盘鲍壳的作用

皱纹盘鲍的壳，壳形右旋，表面呈深绿褐色，质地坚硬。壳内侧，珠光宝气，银光熠熠，紫、绿、白等色交相辉映，非常漂亮。另外，皱纹盘鲍“中看还中用”，其壳还是一种名贵的药材，人称“石决明”。据《本草纲目》记载，石决明“久服益精、轻身，明目磨障。”

黄海海域

在我国黄海海域，皱纹盘鲍代代相传。在夏秋季节，绕着山东黄海沿岸走一遭，你会看到皱纹盘鲍在这片海域生长繁衍。有数据统计，山东省的皱纹盘鲍养殖面积多达5000亩。

目前，随着人们对皱纹盘鲍的喜爱不断“升温”，人工养殖皱纹盘鲍的技术也不断取得新的突破。如今，在山东烟台、青岛等地，皱纹盘鲍的养殖技术已经相当成熟了，可以做到一年四季都高效出产优质的皱纹盘鲍。譬如，青岛市自1981年以来，便采用引种放流的办法来增殖皱纹盘鲍。

皱纹盘鲍

鲍鱼菜肴

皱纹盘鲍菜肴

紫石房蛤

有一种蛤蜊，天生丽质，透着一股高贵，它们整天居住在一座“石头砌成的紫色的房子”里，令人好生羡慕。在黄海海域，也总有那么一片海，显得贵气逼人。因为在那里，集聚着许多卵圆形的，呈暗紫色并泛着珍珠光泽的紫石房蛤。

紫石房蛤，又称“天鹅蛋”，因为它的个头一点都不小，体重甚至可以超过250克，远远望去，就像一颗滚圆的“天鹅蛋”。另外，由于在采捕紫石房蛤时，需要潜水作业，十分不易，就像“天鹅蛋”一样来之不易，所以将它称作“天鹅蛋”，真是名副其实。

“天鹅蛋”应该怎么吃才地道呢？爆炒、清蒸、氽汤、制馅，无论怎么加工都可以，因为“天鹅蛋”本身就非常的鲜美可口。去海鲜大市场上去逛一圈，你会发现这些正在出售的鲜活的“天鹅蛋”，一般是摆放在盛有海米的桶里。而且有趣的是，出售者还总得在空闲的时候同它们作“斗争”：一旦“天鹅蛋”的贝壳张开，出售者便赶忙用小刀紧贴壳内壁，在“天鹅蛋”的两侧各插一刀，以便切断它的闭壳肌，然后再用小刀向外一挑，即可取出其鲜嫩的肉体了。

在黄海一带，紫石房蛤主要分布在辽东半岛的南部和山东半岛的北部，尤其以烟台市芝罘区崆峒岛、威海市环翠区南竹岛、烟台市牟平区养马岛周围海域为多，面积上千亩。因为那里水质清澈、潮流畅通，而且有大片的砾石砂泥海底。在此，紫石房蛤常常躲在海底10～25厘米深的地方把自己埋起来，只剩下水管稍稍露出泥沙外，以便进行水流交换和摄食。

正是紫石房蛤的这种生活习性，使得人类的采捕工作更为困难，采捕量当然也就少得可怜了。1981年之后，山东省水产学校、烟台市水产研究所和牟平区海珍品试验场一起合作，研究紫石房蛤的人工育苗，现已经取得了成功。

紫石房蛤

紫石房蛤菜肴

金乌贼

金乌贼

金乌贼的美，需要阳光做背景。因为只有在阳光的照耀下，它的外衣才会透出漂亮的金黄色。另外，这件神奇的外衣还会随着光线的变化而更换色彩：由浅变深，或者由金黄色变成褐紫色，分外美丽。

金乌贼

金乌贼，属于墨鱼中的一种，它的身体呈卵圆形，胴体上有紫色和白色的斑点相间。一般来说，一只胴体长20厘米的金乌贼，其体重能够达到500克左右，所以便有了“斤乌”的说法。

金乌贼，可谓浑身都是宝。首先，它的肉质丰厚、味道鲜美，可炝、溜、炒、烧；也可加工制成干品——素享盛名的“北脯”。其次，金乌贼的缠卵腺，是加工海味珍品“乌鱼蛋”的原料。再次，其乌鱼骨就是传统的中药“海螵蛸”，有止血、收敛的功效。

在黄海一带，要问哪里最以金乌贼为傲，那一定就是山东日照了。在2011年，日照金乌贼，因其胴体肥厚，肉味鲜美被列为中国农产品地理标志保护产品。另外，其乌鱼蛋的加工制作历史也很久远，已有100多年的历史了。据清代康熙年间编修的《日照县志》介绍，日照“乌鲗鱼口中有墨蛋，属八珍之一……土人谓为鱼贼”；至清末，乌鱼蛋被列为贡品。

金乌贼的产卵期

在日照市，金乌贼的产卵期多在8～12月份，11月份为盛渔期。

金乌贼

● 文蛤

黄海盛产的文蛤是“蛤中上品”。文蛤的扇状外壳上有如釉涂就的五彩花纹，细致精美。

文蛤的壳坚厚，长5~10厘米，略呈三角形，小月面狭长而呈矛头状，表面光滑，色泽多变。同心生长轮脉清晰，从壳顶部开始常常有环形花纹的褐色色带。

文蛤的栖息地点和其他贝类类似，都是潮间带下区、上区和低潮线以下3米左右水深的浅海沙质海底。有意思的是，在水中生活时，它能分泌胶质带或囊状物让自己的身体悬浮于水中。而在沙中生活时，就会依靠足的伸缩潜钻穴居，能把自己“埋”到10~20厘米深。

↑ 文蛤

文蛤是怎么吃东西的呢？——海水从入水管进入它的体内，文蛤通过鳃过滤海水进行呼吸、摄食。涨潮时，文蛤将出、入水管伸出滩面进行海水交换，退潮时，缩回水管。文蛤的食物主要是微小的浮游生物和底栖硅藻，也吃一些其他原生动物、无脊椎动物幼虫和有机碎屑。

文蛤的肉质很鲜美，营养也很丰富，并且有很高的食疗和药用价值。李时珍在《本草纲目》上说，它能治“疮、疖肿毒，消积块，解酒毒”。现代研究还发现：文蛤有清热利湿、化痰、散结的功效，对肝癌有明显的抑制作用，对哮喘、慢性气管炎、甲状腺肿大、淋巴结核等病也有很好的效果。吃文蛤，还具有润五脏、止消渴、健脾胃、治赤目、增乳液的功能，很受国内外食客欢迎。

文蛤肉除了可以鲜食，还可以把它们冷冻后做成罐头，也可以加工成粉末替代味精。文蛤壳也值得一说，可以作为高品质的水泥原料。随着近年来我国紫菜养殖业的快速发展，文蛤还可以做紫菜丝状体的培养基，甚至能在石油开发上作为油水分离的堵水调配剂。

提到文蛤，就不能不提黄海沿岸的江苏如东县。目前，我国文蛤主产区如东县沿海地区大约有35万亩海滩的养殖规模，年产量在3万吨左右，其中，60%左右出口到日本、欧美等国家，一部分销往我国沿海大中城市。

● 泥螺

泥螺自古受到青睐，古名吐铁，姚可成《食物本草》上说：“吐铁，生海中，螺属也。大如指顶者则有脂如凝膏，色青，外壳亦软，其肉色黑如铁，吐露壳外，人以腌藏糟浸，货之四方，以充海错。”

我国沿海都分布有泥螺，以山东青岛至浙江舟山一带海滩产量最大，每年的6~9月是它的繁殖季节。泥螺大多数生活在中低潮带泥沙质的滩涂上，风浪不大、潮流缓慢的海区最适宜其生长。虽说泥螺对温度和盐度的适应力强，但泥螺品质与所栖息海涂底质的泥沙含量、底栖硅藻的丰富程度密切相关。泥螺是杂食性的，除了吃硅藻，还吃有机腐殖质、海藻碎片、无脊椎动物的卵和小型甲壳类等等。

涨潮时，泥螺随潮活动，退潮后，泥螺便留在浅滩上。如果你想赶海捡泥螺，最好在退潮后拿上一个手电筒，晚上到沙滩上去捡。

泥螺外壳又薄又脆，身体肥大。它的外壳不能包被全部身体，腹足两边的边缘露在壳的外面，并且反折过来遮盖了壳的一部分。泥螺爬起来像蜗牛一样，非常缓慢。为了在海洋中保护自己，它还有自己的一套障眼法——用头盘掘起泥沙与身体分泌的黏液混合，并将其包被在身体表面。远远看去，一点也看不出有泥螺，倒像是一堆凸起的泥沙。

泥螺背面观

泥螺长得大，肉也多，味道鲜美，农历三月时所产的“桃花泥螺”和中秋时节所产的“桂花泥螺”更是泥螺中的上品。泥螺不仅含有丰富的蛋白质、钙、磷、铁及多种维生素，还具有一定的药用价值。《本草纲目拾遗》记载，泥螺具有补肝肾、润肺、明目、生津的功能。民间偏方中常用它来防治咽喉炎、肺结核等疾病。

如今，它的“近邻”如文蛤、蛏子等贝类都已经实现了人工养殖，泥螺也没有被落下，成了新兴海水养殖品种。

泥螺菜肴

水发刺参

黑刺参的产地

黑刺参是刺参家族中的一种，是重要的药材和滋补品。在黄海海域，烟台牟平、养马岛和马山嘴外海都盛产这种珍贵的海产品，其中以养马岛后海的黑刺参最为名贵。

海底珍品

刺参、海星和海胆，是黄海海底的珍品。在黄海动物世界中，它们活得富有生气和价值，各有各的本领和用途。刺参是黄海中的珍品，在海底悠然地生活，以其丰富的营养赐予人类以巨大的馈赠。海星不是落入大海的星辰，而是能“再生”的“大胃王”。马粪海胆长得像马粪，吃起来却鲜美至极，用一层“坚盔利甲”来保护肚中的“云丹”。

● 刺参

在黄海一带，3～15米深的岩礁或砂石底质浅海中，常常潜伏着这样一群“黑家伙”——刺参。在众多的海参家族中，刺参的名头你不可不知，因为它被誉为“参中之冠”。

如果有兴趣去黄海看一下刺参的生活，那荣成、牟平、青岛、芝罘等地，都不会令你失望。尤其是到山东半岛最东端，你会看到那近1000千米的黄金海岸，浮游生物丰富，水质肥沃，而且更妙的是其水温总能保持在10℃～15℃的范围内，盐度总能控制在30左右。这样优质的天然环境，使得一个又一个的刺参“争先恐后”地“定居”于此了。每年，威海刺参养殖基地都会为全国人民提供2万吨以上的优质刺参，真可谓山东省刺参养殖业的“龙头老大”。另外，刺参养殖业已经成为威海市渔业经济的支柱产业了，形成了一条稳定的刺参产业链，涉及刺参餐饮业、加工业等， 威海市也被誉为“全国刺参养殖第一市”。

干刺参

刺参，向来是个名贵的主，一来是因为其资源量不多，二来是因为其采捕工作艰难，三来是加工过程复杂。你知道吗？在采捕海参时，需要专业人员穿着潜水服深潜到海底去寻找。另外，刚刚采捕上来的新鲜刺参，应立即对其剖腹排脏，然后经水煮、腌渍，再拌草木灰晒干。经过这些步骤后，便可以成功“出炉”商品干参了，否则刺参会自行溶为一团凝胶而无法食用。

水发刺参

刺参加工产品一览

淡干刺参：淡干刺参是刺参中品质非常好的，无糖无水易于保存。刺挺拔，开口正，干度足，体表光泽，体内无余肠泥沙。

盐干刺参：盐干刺参的加工工艺历史非常悠久，活刺参捕捞上来以后要先行煮沸，煮过的刺参凉透后，加盐拌匀盛入大瓷缸，缸口用一层厚盐封严，腌渍15天以后出缸。

糖干刺参：在刺参的加工过程中，在刺参表面包裹大量的糖分，刺参晾干后颜色更黑，使其外观非常好看，但是由于加糖，刺参遇热容易变软，而在加工时，加糖对刺参营养成分破坏得非常严重。糖干刺参是被市场禁止销售的。

冻干刺参：以鲜活刺参为原料，经精心清洗后，将新鲜刺参在冻干仓内迅速冷冻到－35℃～－45℃，使刺参中的水分结冰，从而达到将刺参中的水分脱干的目的。此法最大限度保持了鲜刺参原料的色、味、状态及营养成分活性。

刺参

葱烧刺参

海星

● 海星

诗人说，海星是落入大海的星辰；渔民说，海星是海中的瘟神。海星不像它长得那样温文尔雅，与世无争。海星到底是一种什么生物？全世界海星有1600多种，中国已经知道的有100多种，中国又以黄海的海星数量最多，想了解海星就到黄海来看看吧。

海星是一种棘皮动物，它长得很讨人喜欢，退潮后，你常常可以在海滩上拾到手掌大小的五角海星。它体色鲜艳，几乎每只都有差别，有热烈红，有明媚黄，有纯洁白，有高贵紫，它们的身体匀称地从位于中心的体盘部向周围放射出五个腕，每个腕都是身体的一个对称轴。并不是所有的海星都是“五角星”，也有“四角星”或者“六角星”，有一种海星竟然有40个腕。在这些腕下侧并排长着4列密密麻麻的管足，这种管足既能捕获猎物，又能用于攀附岩礁。

在黄海最为常见的海星是海盘车，它们行动起来一律用“翻跟头”的方式。海盘车运动时先用吸盘吸住地面，再把整个身子支撑起来，然后一个筋斗翻过来。除此之外，海星的种类还有很多，有腕细如爪的鸡爪海星、五角星似的罗氏海盘车、皮棘如瘤的瘤海星、生有镶边的砂海星、腕短而色蓝的海燕和状如荷叶的荷叶海星等等。凸起如帽的面包海星行动起来也很有意思，它身体一侧先膨胀，自然侧位，然后就能轻而易举地翻过身去，前进一步。

别看海星外表浪漫，行动缓慢，它可是一种贪婪的食肉动物。它不敢招惹那些游得快的海洋动物，就挑和它一样慢吞吞的贻贝、牡蛎、杂色蛤、海葵、海参、珊瑚、海胆等进行攻击。如果贝类不小心落在海星的“手里”，那么海星就会先用腕将贝类环抱住，然后再将腕上的管足使劲收缩，直到把贝壳拉开一条缝。之后，海星就会从嘴中吐出胃，伸进贝壳中，用消化液将贝壳的闭壳肌消化，等贝壳开了，它就大口大口享受贝类鲜美的肉了。

每年4~7月份，黄海胶州湾的渔民都要大伤脑筋——海星泛滥，吃蛤蜊，吃鲍鱼。海星这种“破坏分子”还有破坏渔网的恶习。每当渔民满载而归时，却会发现海星们早把网撕坏，把贝类等吃掉了。让渔民头痛的还不止如此，海星不仅吃贝类等，它还吃鱼饵、鱼苗，而且海星的食量很大，据估计，一只海星一天可以损害20多只牡蛎，一只海盘车幼体一天吃的食物量相当于它自身体重的一半多。可是，想杀死海星不是那么容易的，因为它有“再生”本领。

如果你把海星剁成几段，扔进大海，海星不但不会死，反而会越来越多。这是怎么回事？海星的每一条腕足都是一个半独立的机体，可以独立进行运动、消化和繁殖，只要带一点中心体盘上的东西，就可以长成一个新海星，有的甚至不带体盘上的东西，也能长成新海星。像砂海星，1厘米长的腕就可以让它长成一个完整的新个体，而海盘车则必须有部分中心体盘的东西保留下来才能再生。为什么海星有如此神奇的本领？据科学家研究，

海洋生物如何逃避海星的攻击

面对海星的攻击，小动物的逃生办法也五花八门。笨拙的海参，在发现海星向它伸出“黑手”之前就会满地打滚，让海星无处下手，借机逃之夭夭；扇贝的逃生办法也很特别，当海星靠近它时，它会将两片贝壳一开一合地逃走；在礁石上栖息的海葵则会迅速从礁石上滑下，随着海水漂流到安全的地方。

海星

海星一旦受伤，它的后备细胞就会被激活，这些细胞中包含身体所失去部分的全部基因，并和其他组织合作，重新长出失去的腕足或其他部分。

海星这么“顽强”，渔民们该怎么办？为了保护海洋环境，不可能用药物灭杀，只能捕捞，渔民们能采取的措施：一是尽快拖网清除；二是利用诱捕网笼捕捉；三是将捕捞的海星及时运到岸上或找地方掩埋，防止其遇水再生。

沿海居民没有吃海星的传统，一般是将它晒干制粉做成农肥。海星除了做肥料外，还可以做生物防腐剂，因为海星身上有一种特殊物质，能使它死后不招苍蝇。此外，海星还能被开发为防癌药物，这一研究在英国已经开始。

另外，海星腕内的卵可以加工成海星黄罐头，幽门盲囊可以加工成海星酱，它们可称得上是色、味、营养俱全。海星体内丰富的胶质，经提炼后可以做药用胶囊；它的体壁上含有的酸性黏多糖，能抑制血栓的形成，是治疗微循环障碍及冠心病、脑血管病的良好药物。海星明胶还可以制成代用血浆，大量输入人体后无毒性反应，因此被称做来自海洋的“血浆”。

海胆

马粪海胆长得像马粪，吃起来却鲜美至极，被誉为“黄色钻石”。这种在中国北方沿海分布最广的海胆，在日本被赋予了一个美丽的名字——“云丹”。

马粪海胆有一层“坚盔利甲”来保护“肚”中的卵，半球形，大的能长到直径30~40厘米。它的壳面上密密地布满“荆棘”，有的呈暗绿色，有的则是灰绿色，还有的带紫色、灰红色或者赤褐色。海胆卵在海胆体内排列成五角星状，颗粒分明，颜色橙黄，像小黄米似的，难怪海胆卵俗称海胆黄。

海胆食品

马粪海胆菜肴

马粪海胆卵黄

在黄海潮间带到水深4米的岩礁底，海藻繁茂的地方可以找到马粪海胆，有时它们会藏在低潮区的石下或者石头缝里，借助管足和棘的运动在海底"匍匐前进"，运动速度比较缓慢，有时则直接用管足吸盘吸附在岩石上，一动也不动。

在中医药书中，马粪海胆的石灰质骨壳是可以入药的，《中药志》载："海胆，软坚散结、化痰消肿。治瘰疬痰核、积痰不化、胸胁胀痛等。"在西医系统中，便直接从海胆卵中提取"波乃利宁"，据研究，这种物质具有抑制癌细胞生长的作用，还能预防心血管疾病等等。

民间则有食用海胆卵的传统，或者鲜食，或者将它们制成海胆酱。

如何腌制海胆酱

海胆酱的腌制操作很仔细，需要用专用器具打开海胆的壳，用小勺仔细取出橘瓣状性腺块，洗净后，在纱布上控水，而后再腌制，再经控水后，用食用酒精浸过，码入瓷坛中，密封3~6个月，即发酵成熟。此酱块形完整，醇香鲜美，是中西餐的高档佐料。

黄海“珍品藏”

世界上最珍贵的是什么？是那将要失去的稀少。黄海里生活着一些珍贵的物种，在大自然和人类的贪婪面前，纵使它们外表强大，却难掩其脆弱的一面。也有一些鸟类，虽然数量较多，但与人类生活密切相关，如果遭到人类的乱捕滥杀，也必然难免灭绝的命运，为了那蓝天碧海中的一抹亮丽风景，亟须人类的关切和珍惜。黄海的“小巨人”和知天风的海鸟在黄海海域生活，因为珍贵，所以珍藏。因为懂得，所以珍惜。

黄海“小巨人”

在海洋中，总有这样一群躯体庞大，块头不小的哺乳动物，日夜守卫着海洋的安全。它们好似一个个伟岸的“保镖”，终日游荡在海洋的各个角落，使得海洋的纪律井然有序。家族庞大的小鰛鲸，虽是鲸类的“小不点”，但是它们也非常地“尽职尽责”；“冷面杀手”虎鲸，总是端着一副凶猛的架子，严厉地盯着来往的海洋生物；长着长长的鲸须的长须鲸，总是发挥其高超的亲和力，温和地执行着自己的任务。可见，不同的“大块头”，办事风格迥然不同。

小鰛鲸

划一艘小舟，漫游在黄海上，幸运的话，你会见到小鰛鲸出水“露脸”的情形呢。在黄海，小鰛鲸是够资格“得意洋洋”的，因为它可是黄海海域数量最多的一种鲸鱼。小鰛鲸还有好多名字，如小须鲸、尖嘴鲸、明克鲸。每年的4～5月份，黄海的烟威渔场、芝罘岛一带就热闹非凡，数不胜数的小鰛鲸轰隆隆地游到这里，进而形成旺汛。而早在1～2月份的时候，黄海的海洋岛和大耗岛就已经是小鰛鲸的初渔期了。

小鰛鲸，帅不帅？它到底长什么样子呢？——和其他鲸鱼一样，小鰛鲸也是个“大块头”，但是它却是须鲸科中体型最小的成员。小鰛鲸体短圆粗，头部较小，上额前端比较尖锐，正面看就像一个等腰三角形；另外，它的背鳍与体长的比例较大，高达30厘米，后端又比较弯曲。那么，如何更准确地在众多的鲸类家族中辨别出小鰛鲸呢？请记住这个窍门：观察鲸鱼的鳍肢中央部分，如果上面有一条宽20～35厘米的白色横带，那么它一定就是小鰛鲸了。但是，也有例外，如栖息在南极海域的小鰛鲸亚种就没有这种白色的横带。

小鳁鲸，性情文静，几乎从不跃出水面玩耍嬉戏。只有在形势紧张的时候，它们才可能跳跃式地进行急速游动，此时，它们的背部会比通常潜水时露出得高。有时候，一些小鳁鲸幼仔也会急速游泳，呈现连续跳跃的姿态，那是因为它们体型小和力气不足所致。

面对幼小的小鳁鲸，雌性小鳁鲸会散发一种“母性”。比如，当雌性小鳁鲸发现有船接近它们时，“她”一定不会让自己的孩子在靠船的一侧游泳，而是将危险留给自己。另外，细心的雌性小鳁鲸，一旦“意识到”其刚出生不久的“宝宝”连续跳跃游泳的时间过长，便会“贴心”地用自己的鳍肢驮负着小鳁鲸“宝宝”一起游动。

小鳁鲸的呼吸

小鳁鲸呼吸时喷出的雾柱细而稀薄，高1.5～2米，消失很快，不易观察，只有无风的时候在近距离处才能看见。另外，小鳁鲸在呼吸时，其躯体露出水面的部分比其他鲸种要多，呼气声在200米之内都能听到。如果正巧顺风的话，还能嗅到其呼气时所发出的臭味。

小鳁鲸

小鰛鲸

小鰛鲸

捕杀小鰛鲸

闲暇的时候，小鰛鲸便各地寻找食物，太平洋磷虾、糠虾、玉筋鱼、日本鳀鱼、青鳞鱼、黄鲫鱼、小黄鱼等，都是它们喜爱的美食。为了确保自己的食物不从自己的嘴边溜走，聪慧的小鰛鲸自有一套好方法：在有虾群的水域内，它们便慢腾腾地围着虾群旋游，直到把这些虾“圈”到一起，然后迅速来个后侧转身，将食物吞到口中。但是，如果小鰛鲸的食物目标非常集中的话，它们便不会再“多此一旋”了，直接游近张口吞食。

如此温和聪慧的小鰛鲸，命运却是一波三折。它们曾是全球商业捕鲸的主要对象，据国际捕鲸协会统计，1904～2000年期间，共有11.6万多头小鰛鲸被捕杀，久而久之，小鰛鲸的数量日益下降。面对如此严峻的形势，在1986年，国际捕鲸协会向全球庄严宣布：中止捕捉小鰛鲸。现在，除了日本、丹麦和冰岛以外，其他国家已经明文规定禁止小鰛鲸的商业捕捞。我国也不例外，早在1980年就下令禁止非法捕杀鲸鱼了，并且将小鰛鲸列为国家二级保护动物。

之所以说小鰛鲸的命运多舛，还有一个不得不提的原因，那就是它们的生命还会受到渔网的威胁。比如，黄海海域近海的流刺网、定置网、坛子网等捕捞器具，对于小鰛鲸一类形体庞大的海洋生物来说，就是一些“隐形的杀手”，一旦不小心被这些网具套住，小鰛鲸便凶多吉少了。除此之外，小鰛鲸还可能受到搁浅、船舶撞击和海洋噪音污染等其他方面的威胁。

面对可爱温和的小鰛鲸，难道我们要眼睁睁地看着它们一步步走向毁灭吗？难道我们不应该为这种鲜活生命作出一些努力吗？或许我们的力量真的微不足道，但是我们应该为保留它们的“微笑”而严于律己。

虎鲸

彪悍的虎鲸，穿着一身帅气的黑白衣裳，其背部为漆黑色，但在鳍的后面有一个马鞍形的灰白色斑，在它的两眼后面也各有一块梭形的白斑。倒是它的大部分腹面为如雪的白色。着装如此高档的虎鲸，却是响当当的“海中猛虎”，如果你知道它的荷兰名字和英文名字的意思的话，那你一定也会赞成这样的一种描述：“杀手鲸”。

虎鲸，性情冷血，常常栖息在较冷的水域中，在温暖的海洋中几乎看不到它们的身影，即便有，它们也待不了多久便潜到水温较低的深水区嬉戏游玩了。在我国黄海一带，虎鲸也多集聚在北部海域，如海洋岛渔场等。另外，烟威渔场、石岛渔场、大连前海等水域也都常有虎鲸出没。

之所以称虎鲸为“冷面杀手”，除了因为虎鲸喜冷水水域之外，还有一个重要的原因：相比其他鲸类，虎鲸更为残暴、贪婪。闲暇的时候，虎鲸的游泳速度为每小时55千米，但是当它们盯上猎物时，它们会将速度加快一倍，并且张开血盆大口，露出40～50枚圆锥形的锋利大牙，将食物迅速吞咽。那么，虎鲸一般都吃些什么呢？查看一下它的食谱，你就会发现小至成群结队的娇小鱼类和鱿鱼，大到露脊鲸、灰鲸、蓝鲸、长须鲸与抹香鲸，都难逃它的“血腥大嘴”。另外，海豹、海龟、海獭、海牛、儒艮、

虎鲸的食性

据推测，虎鲸每天的摄食量至少占其体重的4%，就是说，一只8 吨重的虎鲸每天要吃0.32 吨重的食物。但是,虎鲸对人类很友好，很少能找到虎鲸袭击人类的记载。

虎鲸跳高

虎鲸群居

结伴而游的虎鲸

搁浅的虎鲸

鲨鱼、魟等也会遭到它的攻击，甚至连下海游泳或者横渡水道的麋鹿，它也不会放过。

你能想象在一头长约7米的虎鲸的胃里，可以容纳多少东西吗？13头海豚，再加14只海豹！还有人发现一头虎鲸竟然可以一次性吞下60只海狗。面对如此凶猛残暴的虎鲸，你作何感想？

虎鲸发射超声波

虎鲸有发射超声波的本领。拥有了这种高超的能力，它们便不仅能够通过回声去寻找鱼群，还能够准确判断鱼群的大小和游泳的方向，因此它们能够在黑暗的海水中，行动自如，大饱口福。

如果说座头鲸是鲸类中的“歌唱家”，那么虎鲸就一定是鲸类中的“语言大师”了。因为它们能够发出62种声音，而且这些声音还有着不同的含义。例如，在捕食鱼类时，虎鲸会发出断断续续的“咋嚏”声，就好像是在用力拉扯一扇生锈的铁门发出的声音。而且更令人惊叹的是，当鱼类听到这种恐怖的声音后，其行动就失常了。虎鲸在水中戏耍的时候，常常会发出“哇哇”的声音，伴随着这样稚嫩的声音，虎鲸会到卵石海滩附近，花上10～30分钟的时间，上下左右不停地翻滚，使其身体的各个部位都在卵石堆上摩擦。这样它们身体表面的污垢和经新陈代谢而产生的陈旧表皮就会脱落下来，肌肤会变得光滑细腻。

能够熟练掌握多门语言的虎鲸，其智商一定差不到哪里去。的确，虎鲸可谓鲸类中“智商”偏高的一类了。不信？那就看看它们是如何捕食的。为了确保食物不会从自己的嘴边溜走，在每次捕食时，虎鲸都会想好计谋。比如，它会这么做：将自己的腹部朝上，一动不动地漂浮在海面上，装做一具死尸；等到乌贼、海鸟或海兽等接近它时，它便会突然翻转身体，张开大嘴将美味吃掉。

面对如此聪明的虎鲸，人们当然不能将它们的才华浪费掉，这不，虎鲸已经被人们驯化来完成一些特殊的任务：深潜、导航、排雷等。尤其是美国海军夏威夷水下作战中心，每年都会花费数百万美元来训练一支动物部队，而智商较高的虎鲸就是其主要成员之一。除此之外，人们还会训练虎鲸去打捞海底遗物，也会播放虎鲸的声音来吓跑海水中的海兽，或者直接将虎鲸训练成“海中警犬”来看护和管理人工养殖的鱼群等。

长须鲸

长须鲸

在黄海中，长须鲸终日摇头晃脑地“巡逻”着它美丽的家园。如果近距离地接触一下长须鲸的话，你就会发现它是没有牙齿的，倒是有长长的胡须。盯着这些胡须，你一定不会想到，它们实际上就是长须鲸长在嘴内的折角形齿片。的确，这些长须的本领真不小，它们完全抢占了牙齿的活儿，不仅能够过滤海水，而且还能捕捉小鱼小虾和其他小动物等美味。目前，长须鲸也获得了我国二级保护动物的席位。

> **长须鲸的大小**
>
> 在黄海中，背面“穿”青灰色“西服”，腹面“穿”白色“衬衣”，眼睛小小却炯炯有神的长须鲸，个头最大的有20多米长。而生长在南极洲的长须鲸，个头更甚，可以长到27米左右。

我们都知道，荣登世界“第一大鲸”宝座的是蓝鲸，那么长须鲸呢？还好，块头不小的长须鲸荣居亚军，是世界“第二大鲸”。虽然是“千年老二”，但长须鲸仍然可以称得上是“海中巨头”。瞧，那刚生下来的小长须鲸就足足有七八

长须鲸

吨重！而长大了之后，它的体重就会翻好多番，七八十吨对它们来说，根本不值得一提。或许这些数据并不能给你带来感官冲击，那就请你想象一下七八头大象的分量吧。或者你也可以这么想，长须鲸的一条舌头，就有十几头肥猪那么重。

如果人类有朝一日能够听懂长须鲸的语言，那么一定会听到这样的话语："虽然我很笨重，可是我很温柔。"的确，和虎鲸极为不同，长须鲸的性格十分温和，这一点，我们从它们的捕食方式就可以比较出来：凶猛的虎鲸，动不动就吃一些海豹、海狮等大型海底生物，而长须鲸却只吃一些磷虾、小型鱼类、乌贼等生物，从不会将自己的"魔爪"伸向大型海洋生物。另外，有趣的是，长须鲸在捕食时总要来个"饭前运动"——以每小时11千米的速度迅速冲向虾群或鱼群等，然后再张开大大的嘴巴，瞬间吸入70多立方米的海水。可千万别误以为它会将这些咸咸的海水一并吞咽下去，这时候，长长的胡须就会发挥功效了：将食物过滤出来，将海水吐出去。

性格一"温顺"，就极容易合群了。在长须鲸的生活里，没有"朋友"就难以咂摸出生活的乐趣。因此，它们常常选择成群游动，集体活动。在黄海海域的海洋岛渔场、獐子岛附近，人们就曾多次目睹40～50头长须鲸集群外游的盛况。除了白日里共同游玩之外，长须鲸在夜晚时分，也不愿离开亲密的同伴，即便睡觉时，它们也都是好几头聚集在一起，头朝里，尾巴朝外，共同做着美梦。值得一提的是，即便是进入睡眠状态的长须鲸，它们的警惕性也很高，一旦有什么"风吹草动"，它们便会立即散开。

在海洋界，有这样一种诗意的说法："鲸鱼是海洋中无与伦比的歌剧演员。"此话一点都不假，尤其是雄性长须鲸，其长久、响亮而且频率较低的"歌声”，更像是那窗外袅袅而来的“小夜曲”。平日里，长须鲸发出的大部分声音，都是低频率的，范围为16～40赫兹，并且每种声音会持续1～2秒。另外，长须鲸还会持续很多天都来来回回、反反复复地发出这些声音。它们在干什么？为什么要“低声吟唱”呢？有科学家这么认为：长须鲸持续发出低频声音，很可能是在表达求偶的愿望。这种说法不无道理，因为长须鲸的这种声音多是出现在它们的生育季节。

不是危言耸听，长须鲸的生存现状真的很令人忧虑。在20世纪前那些美丽和谐的日子里，栖息在北太平洋海域的长须鲸，数量在42000～45000头之间，其中，光北太平洋东部的长须鲸，数量就有25000～27000头。但是，随着人类的屠刀一次次落下，在1975年，这里的长须鲸，数量就已经下降到8000～16000头了。

血腥的商业捕杀，令长须鲸的未来很难唱响，而船只与军事活动所造成的海洋噪音更是令这些可怜的大家伙未来雪上加霜。因为这些隆隆噪音，不仅会减缓长须鲸的生长速度，也会妨碍雄鲸与雌鲸之间的接触交配。久而久之，鲸类大家族的数量与质量与日俱下。

目前，长须鲸的名字，已经赫然出现在国际自然保护联盟的濒危物种名单上了。虽然早在1976年，长须鲸就被全面禁捕，实行全球保护了，但是，日本等个别国家仍然我行我素，一次次违背全球人民的和谐愿望，将罪恶的屠刀一次又一次地伸向海洋。面对如此严峻的形势，难道我们真的要将长须鲸列为即将消失的记忆吗？

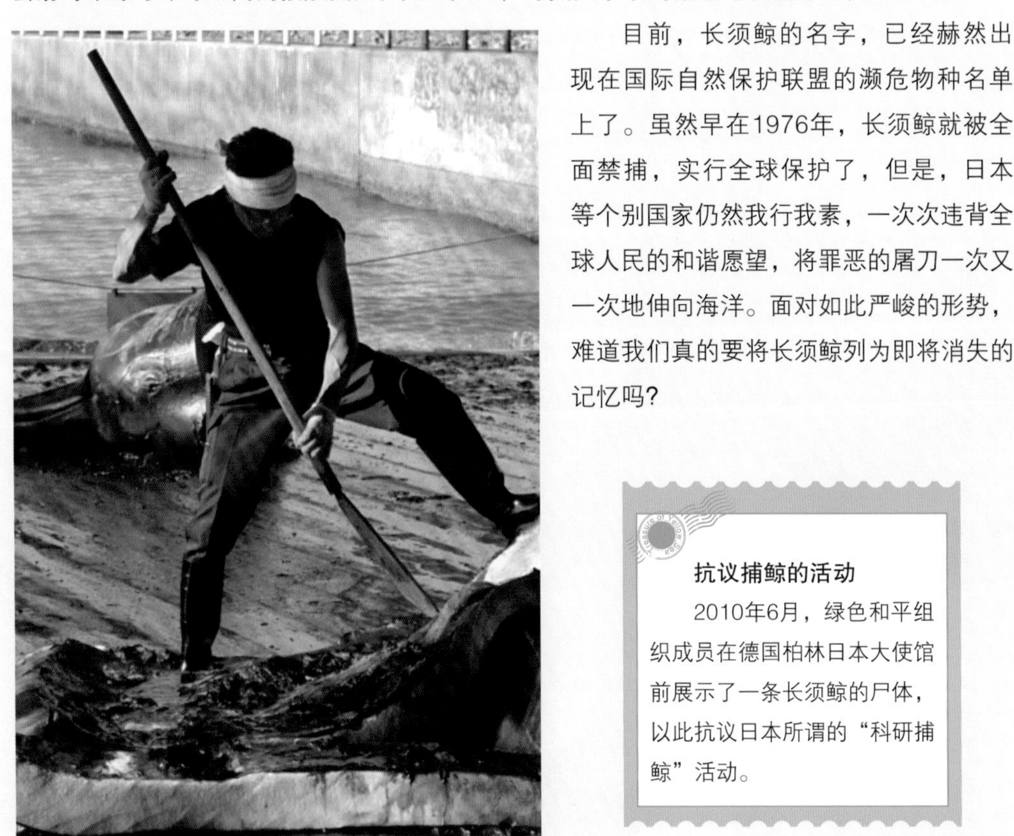
日本以“科学调查研究”为借口捕杀鲸鱼

抗议捕鲸的活动

2010年6月，绿色和平组织成员在德国柏林日本大使馆前展示了一条长须鲸的尸体，以此抗议日本所谓的“科研捕鲸”活动。

海鸟知天风

碧海群鱼跃，蓝天鸥鸟飞。海鸥翔集，向来是黄海的一大盛景。它们头颈洁白，背肩雅灰，染一身海藻的清幽，枕一片白昼的沙丘，再加上一袭纯白的尾“裙”，远远望去，气质清雅，惹人喜爱，尤其是它们那双明亮的羽翼，总能划破浪峰，带着梦想起航。

黄海海鸥驿站

在黄海边的青岛，被誉为“中国东部候鸟驿站”，在这里，红嘴鸥、黑尾鸥、灰背鸥、鱼鸥、海鸥、燕鸥、白额燕鸥、黑枕燕鸥、棕头鸥、黑嘴鸥、三趾鸥、白翅浮鸥、须浮鸥、银鸥、扁嘴海雀，这15种形态各异的海鸥整日悠然地起起落落，好不自在。其中，有9个品种属冬候鸟。另外，在岛城最常见的三种海鸥是红嘴鸥、银鸥和黑尾鸥。其中，红嘴鸥是冬候鸟，每年的10月末到次年的4月底都在青岛过冬，随后北飞；而银鸥和黑尾鸥则是一年四季常留青岛。

保护海鸥

你知道吗？海鸥曾因其美丽而招来杀身之祸。过去欧美上层社会的贵妇人都喜欢戴有白羽毛装饰的帽子，因此，海鸥便成了商人获取高利的猎物，几近绝种。幸好，当时英国波士顿的几位女研究员，及时通过报纸等媒体宣传渠道，来呼吁人们保护海鸥，海鸥才得以幸存。

海鸥

海鸥

气质温婉的海鸥，为什么被人们称作“海上清洁大使”呢？想知道问题的答案吗？相信看过海鸥的食谱，你就会恍然大悟的。鱼、虾、蟹、贝壳，这些作为海鸥的家常便饭，一点都不奇怪，但是，船上被人们抛弃的残羹剩饭出现在它的菜单中，就显得有些格格不入了吧。但是，正因为海鸥的这种癖好，使得它荣获“海港清洁工”的外号。因为海鸥经常光顾港口、码头、海湾、轮船等，在这里，它们常常会挑拣一些“垃圾”食用，以填饱肚子，如此看来，海鸥还真是海洋垃圾的绿色“回收点”。

身为“清洁大使”的海鸥，还是不可多得的海上安全预报员，它们能够准确地预报天气的变化。因为海鸥的骨骼，是空心管状，在它

青岛的海鸥

1994年前后，青岛只拥有两种海鸥，分别是红嘴鸥和银鸥，并且数量少得可怜，仅有2000只左右。然而到了2007年，岛城的海鸥品种增加到了9个，数量约计5万只。现如今，青岛市共有15个品种的海鸥，数量多达10万只。并且，鸥群已经成为青岛市的一特色景观，其四大观鸟佳地分别是栈桥、八大关、东海路和奥帆中心。

们飞翔时，这些骨骼就会像一个又一个的小气压表一样，及时预知天气的变化。

如果海鸥贴近海面低飞的话，那么未来的天气十有八九会是晴天。如果它们沿着海边徘徊，那么天气即将逐渐变坏。如果海鸥离开水面，高高飞翔，并且成群结队地从大海的远处飞向海边，或者成群的海鸥聚集在沙滩上或岩石缝里，便预示着暴风雨即将来临。海鸥常着落在浅滩、岩石或暗礁周围，群飞鸣噪，这是它们在对航海者发出提防撞礁的信号。另外，如果你在海雾茫茫中迷失了方向，不要慌张，请仔细观察海鸥的飞行方向，以此来寻找港口的方向。

青岛栈桥观海鸥

黄海小世界

这里有一扇窗，只要你愿意，推开它就能看到精彩的黄海小世界。阳光惬意的午后，野大豆、珊瑚菜、野伶等都在盐城海岸带湿地中随风摇曳着身姿，一大群壮硕的大丰麋鹿在低着头悠闲地吃着鲜嫩的草儿。就在它们不远处的滩涂湿地上，互花米草、芦苇和盐地碱蓬在默默地生长着，编织着各自的五彩梦。就在这美丽的黄海小世界，海草床、立体牧场等都开展得如火如荼，向我们传递着这样的信息："放牧"海洋，梦想正在逼近。

滩涂湿地

要问目前亚洲最大的淤泥质海岸湿地在哪里，那一定非江苏海岸带的滨海湿地莫属了。黄海边上的江苏沿海湿地，总面积足足有7000多平方千米，在我国沿海各省中首屈一指。那么，在江苏沿海湿地中，哪里最赫赫有名呢？当然要数盐城海岸带湿地了，那里拥有丰富的生物种类，已经被列入国际重要的湿地名录。另外，盐城海岸带湿地也是全球环境基金和联合国开发计划署对我国援助的四个湿地保护区中唯一的海岸滩涂湿地。

湿地概况

江苏盐城海岸带湿地，位于中国海岸带的中部，分属响水、滨海、射阳、大丰和东台五县市，其湿地面积约占江苏省滨海湿地总面积的60%。此外，江苏盐城海岸带湿地，水热条件非常优越。由于其常年受入海河流携带泥沙的淤积作用，所以其南部沿海的滩涂一直处于保持淤长的状态，这一发展态势将给这里带来更辽阔的原生湿地。这里是太平洋西海岸亚洲大陆边缘最大的、原始生态保持最好的岸型湿地，也是全球保存最完好的三大生物湿地之一。江苏盐城海岸带湿地，显然已经是赫赫有名了。

在这片佳誉满乾坤的湿地上，到处生长着稀疏的盐角草群落。譬如，分布在滩涂上的大穗结缕群落，分布在盐碱地的獐毛群落，覆盖在大面积海堤上的白茅群落，在浅水沼泽生长的糙叶苔群落，在河口地区广布的香蒲和芦苇群落，混在芦苇群落里的水烛（蒲草）群落，还有海岸线上自然低洼地里的川蔓藻群落和狐尾藻群落等。正是这些

湿地的功能

湿地，是分布于陆地生态系统和水域生态系统之间,具有独特水文、土壤与生物特征的生态系统。因为它具有调节气候、涵养水源、保持水土、净化环境、保持生物多样性等多种生态功能,所以日益受到人们的重视。

盐城海岸带湿地风光

植物群落的存在，使得盐城沿海湿地的盐生植被茂盛精壮，也正是因为它们的存在，为此处的动物们营建了一个安乐祥和的天然家园。瞧，丹顶鹤、大丰麋鹿、黑嘴鸥、獐等，都活跃在这些盐角草群落里，显然它们喜欢这里，早已把这里当成了自己的乐土，在这里繁衍生息，代代相传。

生物乐园

宽广的滩涂湿地和丰富的盐土植被，使得江苏盐城海岸带湿地注定是一片孕育多姿多彩生物资源的“母亲地”。在这里，559种植物顽强地生长着，其中包括4种国家二级保护野生植物。另外，1665种形态各异的动物也在这片保护区中“怡然自得”地生活着，其中包括31种哺乳动物，394种鸟类，8种两栖动物，26种爬行动物，284种鱼类，508种昆虫，325种近海底栖与潮间带动物和89种浮游动物。光是罗列的这些数据，是不是就为你勾勒出一幅广袤无垠、活力四射的动物欢聚图了呢？请想象这样的场景：阳光惬意的午后，随性的野生植物都在风里飘摇舞蹈，一大群动物，有的在低头吃草，有的在草丛间飞舞，还有的在附近的水域中游泳，好不自在。

你能想象300万只候鸟聚集到一起的场景吗？每年春、秋两季，盐城海岸带湿地都会迎来如此庞大的“旅行团”，因为这里是候鸟越冬地或迁徙通道。纵

盐城海岸带湿地风光

观全世界，候鸟迁徙的通道主要有6条，而我国就占据3 条，其中江苏盐城海岸带湿地这个迁徙通道，不仅是我国境内主要候鸟的迁徙通道，而且还是世界重要的候鸟迁徙通道之一。据估计，在东亚，90%以上的候鸟都会选择途经这里，再向南北迁徙。肩担如此重要的职责，使得盐城海岸带湿地早在1999年就被人们纳入“东亚—澳大利亚涉禽迁徙自然保护区网络”之中了。

盐城海岸带湿地的鸟类

“海洋牧场”

960万平方千米的陆地，对于13亿的庞大人口来说，真可谓“寸土寸金”，更何况我国适宜耕种的土地又不广袤。为了养育“龙的传人”，我们急需将我们的注意力放眼于这片蓝色国土，因为这里不仅是一片未经开垦的“处女田”，更是中华民族悠久历史的承载者。但是，回望那些传统的渔猎生产方式，我们应该大方地摇摇手与之告别了，因为我们可以更科学地“耕牧”海洋了。

“牧场”概况

早在1981年，我国曾呈奎院士便提出了“海洋农牧化”的设想。在当时，他把对渔业资源的增殖与管理分为“农化”和“牧化”两个部分与过程。之后，随着科技的发展，人们渐渐将海水养殖业称为“农化”，而将海洋生物的人工放流称为“牧化”。

“海洋牧场”到底是什么样子的呢？其实很简单。就是在一定的海域里，将人工放流的鱼、虾、贝、藻等海洋生物聚集起来，就像在陆地上放牧牛羊一样，对它们进行有计划、有目的的海洋放养的人工渔场。一般来说，这样的一个适合海洋生物生长和繁殖的环境，就能够形成一个可以人工控制的小型生态系统。这样，渔业经济便渐渐地有资格由被动型向主动型转变——从过去的捕捞型渔业过渡到未来的放牧型渔业。

一般说来，“海洋牧场”的立体植物区系主要由人工鱼礁、海草床和海底森林组成。所以在搭建一个优质合理的人工牧场时，首先需要人们投放人工鱼礁。进而再制造出海底“山脉”，以便于形成上升流等人工海流，使得海底的营养物质能够被带到表层水形成循环。这样，浮游生物就能够汲取营养，加快生长，从而也能够提高海域的初级生产力，形成优质的“人工”海洋渔场了。

海草床

海底森林

人工牧场

其次，我们需要选择一些开阔的水域和海底，来建设一些海草床，以便使“海洋牧场”发挥出其最佳的生产力。之所以要建设海草床，是因为它们的初级净生产力很高。我们说，一般公认的初级净生产力的排行为：海草床＞热带雨林＞河口与浅海（含湿地）＞温带森林＞近海海域＞草原＞外海海域＞沙漠。

日本的“海洋牧场”计划

在1971年，日本海洋开发审议会最早提出了发展“海洋牧场”的设想。1978～1987年，日本开始实施了“海洋牧场”计划，并建成了世界上第一个海洋牧场——日本黑潮牧场。

再次，海底森林自然也不能落下。为了将“海洋牧场”的功效发挥到极致，人们常常在那些不适合海草生长的深一些的海底和人工鱼礁上，栽培一些海带、裙带菜、紫菜等海洋大型藻类，进而营造出海底的“森林”区。你知道吗？这些海洋藻类，不但可以作为海洋鱼类的索饵场和庇护场，而且还能够轮作轮采，成为人类食物和工业原料的“供应工厂”。

除此之外，人们还常常利用人工种苗孵化、自动投饵机、气泡幕、超声波控制器、环境监测站、水下监视系统、资源管理系统等先进技术来打造“海洋牧场”，使得其功能发挥到最佳。

黄海“牧场”

在我国“海洋牧场”的建设中，黄海自然是走在了前面的。现如今，去山东威海、烟台，以及大连的獐子岛等地，你都可以看到已经实施了人工渔礁与增殖放流的“海洋牧场”，你会感受到生态型渔业发展的无限魅力。

自1983年开始，山东省便在其南部沿海实行了为期3年的较大规模的人工增殖放流开发性试验。并且在2005年时，启动实施了“山东省渔业资源修复行动计划”，这一计划对增殖放流和人工鱼礁建设进行了双向推进。在2005～2009年期间，全省增殖放流的种类高达20个，苗种95.5亿单位。其中，以长岛的立体化“海洋牧场”的建设最为有声有色。长岛立体化“海洋牧场”，用时3年，人工投石50万立方米，扩大海底布礁面积10万多亩，改造、扩大海底藻类增殖面积达10万多亩。并且建设了“海底森林绿色长廊”，使得海带等藻类密密腾腾地生长，渐渐地长成了一片“海洋之肺”。在这里，立体生态养殖也闪亮登场：上层养殖海带等藻类，挂养虾夷扇贝、栉孔扇贝等贝类，中层养殖贝类、鱼类，底层养殖鲍鱼、海参、海胆等海珍品。如此科学而又和谐的立体“海洋牧场”，并不是一成不变的，而是时时更新的。目前，长岛立体“海洋牧场”，已经形成了海带、海参、鲍鱼、海胆、虾夷扇贝等养殖品种新格局。

海水养殖

黄海资源大观

YELLOW SEA NATURAL RESOURCES

02

一滴海水可以折射太阳的光芒，一片碧海可以倒映月亮的清辉，黄海本是柔弱无骨，年复一年后却孕育了无穷资源。人类从来没有像今天这样对海充满热爱、向往和憧憬，海洋却不动声色，默默积累，孕育丰饶的宝藏。黄海是一片拥有中和品性的海，它不像南海那么热烈，也不像渤海那么内敛。黄海的海盐、滨海砂矿，黄海的万千生物都是默默孕育的礼物。

黄海化学资源

黄海滔滔，泛着晶珠的透明海水，矜持、优雅，时而升腾，时而下落，随着性子描绘着黄海的面貌。然而，就在这些“淘气”的海水浩瀚起伏时，你可知道，这汪波光粼粼的海水蕴含着数不尽的海盐。而这些海盐，平日里都很低调，它们总能将自己很隐蔽地“藏”在海水中，就仿佛它们穿了一件隐身衣似的。只有在阳光下，它们才会乖乖地现出原形。

黄海海盐：浪里淘“银”

这里，流传着千百年来“煮海为盐”的传说；这里，海盐汤汤，银光四溅。早在远古时期，黄海岸边的先人便已经晒制海盐了。几千年来，斗转星移，沧海桑田，黄海的海盐产业却从未止步，愈发兴盛。目前，黄海已经是我国重要的海盐生产基地了，而且每年的海盐产量都能够在全国海盐总产量中占据较大的一部分。

海盐

远古先人炮制海盐（中国海盐文化博物馆雕像）

盐在古代的地位

在古代，盐的地位丝毫不亚于黄金。譬如，威尼斯城里的商人曾把食盐运到君士坦丁堡，去换取亚洲国家珍贵的硬货币。而远在6世纪的摩尔人，在撒哈拉大沙漠南部贩卖食盐时，计量标准是一份食盐换一份黄金。在阿比西尼亚，人们把盐叫做“阿莫勒斯”，意思为“王国之币”。另外，在非洲某些地方，人们直接把盐当做货币使用。

寻觅黄海海盐的身影，你会惊讶于黄海的富足。在这片海盐产地，你会看到江苏省的辉煌。作为我国重要的海盐生产基地之一的江苏省，其灌河口以北的云台、响水、灌云、滨海和射阳等地附近的海域，布满了大大小小的盐场。在阳光的照射下，甚是美丽。除了江苏的盐场之外，山东青岛等地的盐场，都不甘示弱，争先恐后地争做黄海盐田的“主力军”。

江苏：“海盐之饶”

谈到黄海的海盐资源，在濒临黄海的那些省份中，江苏省可谓名副其实的“大哥”。在那里，盐场连片。随着时间的流逝，在其沿海滩涂上，各个以盐业为主要发展重心的城镇先后拔地而起，使得这里成为东部的富庶之地。

海盐史话

据曾仰丰的《中国盐政史》记载：“世界盐业，莫先于中国，中国盐业，发源最古。”江苏的盐业发展历史悠久，在江苏省巡逻一番，你会对两淮盐区恋恋不舍。因为，在这里就建有两处盐宗庙，其中一处在扬州，是清朝同治十二年时江苏两淮的盐商一同创建的；另外一处是在泰州，是清朝同治元年两淮都转盐运使乔松年在明珠寺的基础上改建的。这些都是江苏盐业历史悠久的见证。

再追溯江苏省的海盐生产历史，你会发现它的海盐生产已经延续了几千年。

早在黄帝时期，这里便“以海水煮乳成盐”；到夏禹时代，就已经开拓盐田，教百姓制海盐了。到了西汉年间，吴王刘濞在此开凿了一条从扬州茱萸湾（今湾头镇）一直到海陵仓（今泰州市）的邗沟，以便百姓通运海盐。直到现在，我们依然能寻觅到这条海盐运输历史悠久的邗沟。

此外，到了汉武帝时期，在灭东越、闽越后，汉武帝便“募民煮盐，官与牢盆”，即派遣他的子民迁往江淮之

东沙冈

江苏有一块煮海盐的理想之地，那就是东沙冈。东沙冈是一个古岸外沙堤，堤东为滩涂，海水清澈，芦苇满滩，唐宋以前的盐业城镇聚落主要集中在这里。近年来，人们在地处东沙冈的施庄、草堰、上冈、盐城等地，都发现了秦汉时期的墓葬，说明在秦汉时期，东沙冈的城镇聚落就达到一定的规模了。

晒制海盐

地，去发展海盐事业，以强盛国力。为了提高盐工的积极性，武帝还把粮食和灶具赠发给那些招募来的灶丁。到了汉武帝元狩年间，这里的盐业生产已经颇有起色，朝廷在此设立了盐读县，之后又设立盐铁官署，管理盐业生产。毫无疑问，这项政府举措大大促进了当地的盐业生产，对当地的城市发展也起了“无心插柳柳成荫”的效果。渐渐地，这里的滩涂盐业得到了越来越蓬勃的发展，常住人口越来越多，沿海的城镇也越来越发达。

两淮盐场

“自古煮盐之利，重于东南，而两淮为最”，“两淮盐税甲天下”，这里的“两淮”说的就是两淮盐场。两淮盐场，位于江苏省的北部沿海地区。这里四季分明，滩涂广阔，要知道在这里分布的是全国最为广阔的黏土滩涂。

两淮盐场，之所以得名“两淮”，是因为在此地有淮河横贯其间，分成淮南和淮北两大盐区。坐拥19个大大小小海盐场的两淮盐场，每年都会生产出大量的海盐。两淮盐场的海盐不仅产量多，其色质也佳。因此两淮盐区渐渐地享誉天下，跃居我国的四大海盐产区之一了。

人送美誉“华东金库”的两淮盐场，其发展历程并不顺利。在中国漫长的封建社会中，两淮盐场的发展速度就很缓慢，之后随着外国侵略者的入侵，其发展更是被“一度叫停”，呈现一派荒凉颓败样。新中国成立后，这里的盐业发展速度如“快马加鞭”，令人欣喜。

海水经日晒后成盐

扬州古运河起点茱萸湾（今湾头镇）

江苏盐城（盐政衙门）

海盐

盐城一览

人们常说：黄海海盐，重在两淮；两淮海盐，重在盐城。漫步盐场，雕刻精致的石闸，饱经风霜的古桥，还有那深深的老井，明清风格的旧宅，青石板铺就的古街道和被千年浪打的古盐运码头，都弥漫着一丝清爽和厚重。在这座海盐特色的城市里，“苍茫一望海天廖”，海盐早已和这片温情的土地紧紧联系在一起了，它们难舍难分，相依相存。

在漫长的中国海盐生产历史进程中，盐城一直银光熠熠。穿越时光隧道，梦回汉朝，那时候的盐城就拥有123 所盐亭了，真可谓“环城皆盐场”。到唐代时，盐城“携手”海陵，每年煮盐百余万石，两地一度号称全国产盐地之首。在唐肃宗乾元元年，朝廷曾实行盐法改革，远在淮南盐区的海陵、盐城便设置了监院，还实行了免除徭役等优惠政策，以至于大量无业游民到此从事海盐生产。此后，在盐城境内便出现了两个机构：淮南道的海陵监和盐城监，其中，

海陵监署设在东台场，盐城监署设在盐城。每年，海陵监能够煮盐60万石，盐城监稍稍有些落后，但一年中也能煮盐45万石。

到了宋代，盐城之地的盐场就“蹭涨”到了11个。之后在此修筑的“有束内水不致伤盐，隔外湖不致伤稼之功用”的盐业生产设施，更是令这里的盐业生产“大赚不少”。据史料记载，此后的盐场，每年的产盐量能达到107万石以上，真是淮南产盐响当当的“冠军”之地。但是，好景不长，到了南宋时期，黄河改道给盐城的制盐业造成了影响。此时的黄河“横行霸道”，不仅夺淮经苏北境内入海，河水还携带大量的泥沙，这便使黄海滩涂日渐扩大，海岸线迅速东移。回首盐城，昔日的范公堤西亭场，卤水渐行渐远；往日的西隅湖淮溃决，淡水冲灌。经受黄河一番清洗的盐城，大多数盐场被废弃，产盐量自然大幅度减少了。这一颓败景象，持续了很长一段时间，直到元朝时期，盐城境内的盐场才渐渐恢复到13个，

盐城串场河

长约180千米的串场河，流淌着的不光是历史的记忆。这条从唐代时期便开始流动的河，一直到清朝时期才得以呈现最终的全貌。为什么叫做“串场河”呢？因为它的沿线都是苏北最早“煮海为盐”的地带，在它周边，伫立的是以盐城市区为中心的近20个古老的盐场和盐仓。其中，著名的盐场有新兴场、伍佑场、刘庄场、草堰场、东台场、安丰场；盐仓有便仓、西溪盐仓等。

也渐渐有了“两淮盐税甲天下”的美誉。据《元史·地理志》记载，在元代时，盐城因其盐业兴旺发达，曾被列为上等大县。

明初，饱受战乱之苦的两淮盐区，曾由于劳动力匮乏，很是萧条。洪武年间，明朝政府为重振盐城，便采用了老祖宗的一招：迁苏、松、嘉等地的数万民众到淮扬二郡，让他们重兴海盐业。对此，历史学界还有了生动形象的说法：“洪武赶散”（明代初期，朝廷从江南迁徙大量人口到苏北一带垦荒）。这种做法立竿见影，不久后，盐城盐区便恢复了生机。到了清代，清承明制，清朝政府也十分注重新增灶丁、恢复盐场设备、筑堤防潮等措施，盐城盐业日益兴旺发达。

江苏盐城（串场河）

东台盐史

“远看一片白，近看白一片。像霜不是霜，受潮把形藏。”调皮可爱的海盐，不仅在盐场一带“亲戚”众多，就在号称“淮南中十场”的东台，也是“家族兴盛”。在这块鼓荡着海雨天风、朝朝暮暮潮涨潮落、生长着无边草荡的东方湿地，一处处亭场、一缕缕灶烟，都缭绕在东台的历史深处；一担担白盐、一船船收获，都滋润着东台人的生活。

东台大地，背靠千里江淮平原，面临万顷滔滔黄海，是“东南盐课渊薮”淮南盐的主要产地，是支撑历代封建王朝的财赋重镇。远在春秋战国之前，东台就开始生产海盐了，其历史发展可以用这样的顺口溜记载：“起源在春秋，职业于西汉，兴旺是唐宋，鼎盛数明清。”

都说东台拥有“淮南中十场”，那么究竟是哪十场呢？让我们回到明洪武元年看个究竟吧，在那时，人们习惯将东台、何垛、梁垛、安丰、富安、角斜、栟茶、丁溪、小海、草堰这十个兴盛的盐场并称为“淮南中十场”。在明代时期，“淮南中十场”的海盐产量就达到21万多担了。

清代，东台境内的“淮南中十场”的盐业生产，更是达到了新的鼎盛时期，总产量能够达到92.7万多担，为同期两淮盐产量的70%左右，当之无愧地成为当时全国产量最大的盐产地。据清嘉庆《两淮盐法志》记载：“天下六运司，惟两淮司为雄。治莅三分司，惟泰州分司为最，而安丰又泰州之钜场也。商灶渊薮，盐利甲东南之富，我国家国用所需、边饷所赖，半出于兹。”可见在当时，“淮南中十场”每年的盐税就可达200多万两白银，占两淮盐税收入的1/2、全国盐税收入的2/7。所以说，“淮南中十场”不仅是国家财税收入的“重镇”，还是扬州盐商富甲天下的财富之源。

山东：“古盐之先”

据《中国盐政史》记载：世界盐业莫先于中国，古代产盐莫先于山东。的确，早在大汶口文化时期，山东一带聪慧的百姓就认识到海水中含有盐分，通过后期加工即可食用，说明当时的沿海人民就懂得向海洋要盐了。

要问山东的海盐业什么时候开始兴盛的，那自然是西周时期了。“太公钓鱼，愿者上钩”的姜太公姜尚，其封地位于齐国。经过一番实地考察后，姜太公认为青州之地不利于发展农业，便因地制宜，提出了“便渔盐之利”发展渔盐业的方针。进而，他又把盐业列为齐国国民经济的主要产业，还建立起盐业外贸体系，大大推动了山东地区海盐业的发展。

姜太公雕像

沐浴盐

海盐化工

白花花的海盐，不仅能够“摇身”变为人们日常生活中的调味品，还能够在化工界“混出名堂”。的确，随着化学工业的日渐发展，海盐在工农业以及国防工业等方面的作用越来越重要。如果想检索一下海盐的“贡献”，可千万记住这些关键词：氯化钠、碳酸钠、硝酸铵、硝酸钾等。因为在化工界，海盐产出的化工品种类繁多，当然不会只用自己的“乳名”了。

我国的两碱产业

我国以盐为原料的盐化工产业，主要是纯碱和氯碱（俗称“两碱”）。“两碱”的发展拉动了盐业的发展，我国已形成以纯碱和氯碱为龙头，下游产品开发并存的盐化工产业格局。

在黄海一带，海盐化工搞得有声有色。盐城就是黄海沿岸拥有灌东、新滩、射阳等多个盐场的“海盐生产大户”。据相关数据显示，盐城，除了每年生产工业盐70万吨之外，它还拥有一个年产20万吨的海精盐加工厂、一个年产10万吨的盐化工厂。在这里，海盐的衍生产品种类繁多：沐浴盐、洗涤盐、调味盐、医用盐等。

黄海矿产资源

徘徊于黄海金色的沙滩，眼前那片流动的海水正欢快地倾诉着内心的秘密。瞧，那些闪着银光的透明水珠，正井然有序地波动着，因为它们正带着来自海底的信息，紧赶着把水下的一切告知海面。海底，石油天然气急需要“目睹”此生的第一缕阳光，它们正焦急地扣打着黑暗的大门，希望能够早日得到人类的重用。而此时，那些一直处于浪漫环境中的滨海砂矿，依旧在阳光的照耀下、海浪的“拜访”中舒舒服服地“休憩”着。相比石油天然气的“苦闷”，滨海砂矿真是天生“好福气”。

黄海油气资源

在平原、戈壁和沙漠里，石油、天然气终日忙忙碌碌地“发功发力”。就连南海、东海和渤海里，也能够看到屹立于天际的石油钻井平台，可是唯独黄海，真能够“沉得住气”，慢慢悠悠的，一点也不怕“掉队”。我国的四大海域中，只有黄海，几乎没有已经开发的油气田。难道黄海真的是“甘于落后”吗？不。放眼北黄海盆地和南黄海盆地吧，在那里，石油天然气已经“蠢蠢欲动”，显露可以勘探的潜力了。面对我国油气资源供需矛盾的严峻形势，黄海已经做好准备，“扛起了”重任，它要“站”在我国石油开发的大后方，建立属于中国的石油战略储备库。

没有油气？

中国拥有的石油天然气资源，足以让世界投来艳羡的目光。渤海湾、松辽、塔里木、鄂尔多斯、准噶尔、珠江口、柴达木和东海陆架这八个石油“澎湃”的大盆地，就是我国的石油“聚宝盆”。据数据显示，这些“聚宝盆”中蕴藏着可采的石油资源共172亿吨。此外，塔里木、四川、鄂尔多斯、东海陆架、柴达木、松辽、

黄海日出

莺歌海、琼东南和渤海湾这九个大盆地，则是我国的天然气“聚宝盆”，可采资源量能达到18.4万亿立方米。

然而，遗憾的是，我们并没有在这个油气资源富集地的名单中，见到黄海的名字。难道黄海没有油气资源？当然不是。因为科学家确实在黄海海域发现了石油天然气的“身影”。在黄海前震旦纪结晶基底之上，就沉积了厚逾10千米的古生代、中生代和新生代地层，在这

海上朝阳

里具有多构造类型、多生烃层系的油气生储条件，也拥有两个大型储油盆地——北黄海盆地和南黄海盆地。根据最新的油气资源评价结果显示，科学家们认为北黄海盆地的油气资源量近10 亿吨，而南黄海盆地的油气资源量更甚，可超过13亿吨。看着这两个天文数字，我们怎能说黄海没有油气资源呢？只不过黄海海域的油气资源目前正处于勘探的阶段，另外，也由于一些科学技术不到位而迟迟没有动工开采。

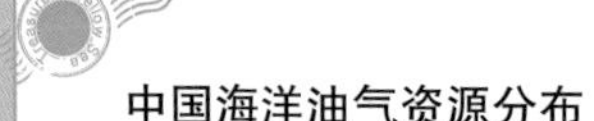

中国海洋油气资源分布

中国的海洋油气资源十分丰富，中国近海海域发育了一系列沉积盆地，总面积近百万平方千米，具有良好的含油气远景。这些沉积盆地自北向南包括渤海盆地、北黄海盆地、南黄海盆地、东海盆地、冲绳海槽盆地、台西盆地、台西南盆地、台东盆地、珠江口盆地、北部湾盆地、莺歌海–琼东南盆地、南海南部诸盆地等。中国海上油气勘探主要集中于渤海、黄海、东海及南海北部大陆架。

黄海为什么如此“异类”，不同于别的海域呢？这还得从它的“身世”说起。黄海，黄河，从名字上看就像一对“双胞胎”，的确，它们还真是有“血缘关系”。黄海的名字就是起源于黄河的。千百年来，奔腾翻滚的黄河，每日都会从其上游的黄土高原，携带着黄黄的泥沙“厚礼”，千里迢迢地流到黄海中。日积月累，黄海渐渐“承受”不起黄河的“美意”了，因为它的家园中已经沉积了不浅的淤泥。那么，这些淤泥对于黄海油气资源有何影响？——这些厚重的淤泥，本身就增加了人类钻探海底石油的难度。

虽然难度很大，但是阻挡不了我们前进的脚步。2002年9 月，中国地质调查局和中海石油（中国）有限公司勘探部联合召开“黄海海域油气地质学术研讨会”，探讨黄海基础地质，特别是与油气生成密切相关的地质构造及构造演化问题，并对可能的油气成藏新领域、新层位、新类型进行探索或重新评价，以期在黄海油气勘探中获得新发现并实现战略性突破。

我们相信黄海，相信它终有一天会“扬眉吐气”。与此同时，我们需要做的就是不断地探索，不断地试验，争取早日克服各种难题，帮助黄海尽快“圆梦”。

北黄海盆地

北黄海盆地，呈长椭圆形，位于辽东半岛、山东半岛和朝鲜半岛之间，面积大约为5万平方千米，其中新生代最大沉积厚度达8000米。在构造上，北黄海盆地原是在中朝地台的基础上发育而成的，它的地质构造演化史和胶辽隆起非常相似。根据地球物理资料的综合解释，北黄海盆地是一个以地垒、地堑和掀斜为特征的中、新生代克拉通内裂陷盆地。新生界没有明显的褶皱构造，局部构造多为潜山和披覆构造。另外，根据国内地震资料和国外勘探资料的分析，北黄海盆地的油气圈闭类型以背斜圈闭为主。其中，古近纪及新近纪盆地中多为挤压背斜圈闭，有部分断块圈闭和地层超覆圈闭，可能还有生物礁圈闭；中生代盆地以挤压背斜圈闭为主，其次有不整合、断鼻和断块圈闭；古生盆地则为潜山圈闭。

了解了北黄海盆地的地质构造后，我们再来关注一下这里的油气勘探情况。迄今为止，我国已经在北黄海盆地累计完成了各种地震测线近20000千米。位于我国东北方向的“邻居”朝鲜，已经于1980 ~ 2003年期间，在北黄海盆地的东部海域完成了地震测线约7700千米，先后钻井15口，并在中生界地层发现了工业性油流。除了朝鲜之外，澳大利亚的梅里迪安石油公司，也在距离朝鲜西海岸130千米处的海域，钻探了油井，并且曾于井深2300米的侏罗系地层中试获原油57 吨。面对朝鲜和澳大利亚的这些石油开采行迹，我们在反思自己的石油开采技术时，也应该替黄海高兴，因为正是这两个国家的成功，向我们传递着北黄海盆地油气勘探前景良好的信息。

黄海海域面积

海域辽阔的黄海，有4个渤海那么大！其范围包括中国东部鲁、苏、辽部分地区与朝鲜半岛之间38万多平方千米的广大海域。这片半封闭状的海湾性陆缘海，由山东成山角至朝鲜半岛的长山连线分为北黄海和南黄海。

南黄海盆地

早在1974～1979年，我国的“勘探一号”船就在南黄海盆地施工，尽管平均井深达到了1945米，最大井深达到了2413米，但是，令人遗憾的是，这里丝毫没有一点“出油”的迹象。

虽然油气钻探效果不理想，但是勘探前景仍然让人兴奋。南黄海盆地是在下扬子地台基础上发育的中新生代裂陷盆地。自南向北，南黄海盆地分为五个次级构造单元，它们分别是千里岩隆起、北部盆地、中部隆起、南部盆地和勿南沙隆起。在南黄海盆地中，新生代盆地

南黄海盆地

南黄海盆地，跨越中–韩陆架区。其中，南黄海北部盆地向东经124° 以东延伸，到韩国称之为群山盆地，面积较大，南黄海南部盆地至东经124° 以东，韩国称之为黑山盆地，面积较小。

最大沉积厚度可达7000米，拥有古近系、中生界和古生界三套烃源岩，是中、新生代和古生代多套地层叠合的含油气盆地，油气资源丰富，具备较好的勘探远景。南黄海盆地的勿南沙隆起拥有8000～9000米的古生界和中–新生界沉积地层，虽然不普遍存在，但也至少表明了它的深凹可能是海域内中、新生代沉积最厚的地区。此外，南黄海北部盆地东北凹的大型挠曲构造有利于前第三系油气藏的形成。

总体来看，南黄海具有古生界、中生界和新生界等3个含油气地层。南部盆地和北部盆地是新生界、中生界和古生界含油远景区，中部隆起和勿南沙隆起是古生界和中生界含油气远景区。其中，南黄海的勿南沙地区构造相对完整、简单，保存条件较好，可能成为黄海一个全新的勘探领域。

严峻的时代

油气资源这群“黑美人”作为世界的主要能源，已然成了现代经济的“发动机”，也关系着人类的未来。然而，如此重要的战略物资，蕴藏量却越来越严峻。

依靠石油的重工业

黄海沿岸滩涂

虽然到目前为止，我国的石油天然气资源还有着很大的潜力，但是不可否认的是，石油资源的缺乏带给我们的压力很大。因为那些已探明的石油资源，绝大部分分布在海域、沙漠、沼泽和山区等开采条件极为恶劣的地区，因此，即便我们想开发利用这些资源，那也需要花费很大的人力、物力和财力，经济效益自然不会很高。

再回首那些已经开发的老油田，它们确实已经“年暮”了。纵观我国石油资源的分布区，你就会发现“三分天下”的局面。首先是东部老油区，在全国石油产量中，大概占七成；然后是西部油区，大约占据20%；剩下的是海区，约占1/10。其中，东部油区的“半边天”——大庆、胜利和辽河三大产油区，它们的风采已经不再，并呈现出枯竭的态势，产量也逐年下降。

黄海沿岸湿地内潮沟

黄海局部风光

那么，我国石油资源的危机到底有多大呢？在20世纪90年代中期，我国就从一个石油净出口国降为一个石油净进口国了。据中国未来能源供需的预测：到2020年，我国的石油供需缺口将高达2.5亿万吨。

面对已经频频“亮起红灯”的石油危机，我们只能在乱局中找寻出路。一方面，我们需要“攻”，即做好东部、中西部和近海海域石油天然气资源的勘探开发工作，提高石油天然气自给率；然后，再积极“走出去”，与其他国家特别是周边国家做好石油天然气的勘探开采合作，努力增加石油天然气后备储量和产量，保障国内石油天然气的基本供应。另一方面，我们需要“守”，即建立起油气战略储备库，进而维护我国的经济安全。

海上油气勘探成为主力

全球海洋油气资源非常丰富，其中大陆架的资源量占据主要部分，为60%左右；深水、超深水的资源量也不容小觑，约占全部海洋油气资源量的30%。海上，特别是深海油气勘探开发，已经成为世界油气勘探的重点方向。

然而，不管在“攻”方面，还是在“守”方面，黄海都压力重重，因为作为我们油气资源“后备军”的黄海，势必需要在未来努力“奋斗”，进而为我国严峻的油气局面增添一份喜悦。

储备！储备！

面对严峻的油气能源形势，我们急需要一个油气安全“保险箱”。因为石油供应一旦中断，我国的经济发展便会受到极大的冲击，所以我们应该保持高度警惕，守住自己的“能源宝库”，建立起石油能源战略储备体系。

目前，我国已经决定在黄岛、大连、舟山和镇江这四个地点建设石油战略储备体系了，其中，黄海海域的黄岛开发区，已经建有两个国家石油储备库：一个在黄岛轮渡附近，另一

黄海局部海域风光

个在红石崖西海岸出口加工区北面。但是我国的石油战略储备体系尚未完全建立，中国石油系统内部的原油综合储备天数仅为21.5天。所以，一旦有突发事件发生，我国储备的石油资源很可能不够用，即我国对石油突发性供应中断和油价大幅度波动的应变能力还比较差。

试想如果你是一个油气资源战略决策者，为了争取时间和发挥行业的积极性，你大可参照国际经验，把原油储备的1/3左右分配给石油、石化、交通、民航及军工等相关行业进行建设与管理。另外，可以将各项资金由国家拨付，储备的石油所有权及动用权由国家实行；而成品油的储备则完全可以分配给相关的行业执行，但其所需的资金应该由国家承担。

中国石油储备之黄岛局部风光

“梦想有多远，我们就能走多远。”为了尽快建立“战略石油储备”体系，我国应该尽快制定并出台《石油法》《石油储备法》等相关的法律法规，然后，通过法律法规来明确中国石油储备建设的目标、管理、资金、方式等问题，进而使我国的石油储备建设的全过程都有法可依。

滨海砂矿资源

在时间织就的网中，“满脸沧桑”的滨海砂矿在布满“皱纹”的海水中，印刻着大海的记忆，关锁着时间的纹路。

滨海砂矿巡礼

在人类居住的地球上，大约每一分钟就有3万立方米的泥沙被河流携带到海洋中。

“百川入大海，矿物聚海盆。”在陆地上，各种各样的岩石和矿体，经过上千万年漫长的风化剥蚀、分崩离析，大的碎块变小，小的碎屑变成砂粒，在风力和流水等自然力的搬运下“背井离乡”，顺流而下，从四面八方来到入海河口、海湾，堆积在浅海地带。

而蕴藏着无穷力量的海洋，总是“派遣”着潮流、海浪和海流年复一年，日复一日地冲打着海滩。随着岁月的积淀，河床、沙滩、沙堤、沙坝、沙嘴和潟湖等都在悄悄地发生变化，因为那些被迫“迁徙”于此的含矿碎屑物会在海洋的“洗礼”下，按照它们的相对密度、形状和大小，进行自然分选。相对密度和大小比较接近的有用矿物，便会自行“物以类聚”，形成有用的矿物集合体——滨海砂矿。

沙坝上的砂矿

石英砂

锆石

滨海砂矿，顾名思义，是海岸低潮线以上分布的砂矿，即在海洋水动力等因素的作用下，一些具有工业价值的重矿物，如锆石、金红石、钛铁矿、石英砂等，在有利于富集的海底地貌部位形成的固体矿产资源。

我国已探明的具有工业储量的滨海砂矿矿种

钛铁矿、金红石、锆石、磷钇矿、独居石、磁铁矿、锡砂矿、铬铁矿、铌铁矿、钽铁矿、石英矿、砂金，此外还发现有金刚石和砷铂矿颗粒。

黄海滨海砂矿

辽东半岛和山东半岛的黄海沿岸是我国滨海砂矿的两大富集地带。

辽东半岛黄海沿岸分布有大量的砂金、金红石、锆英石、玻璃石英砂和钛铁矿。这片海岸让人惊喜，它形成滨海砂金的地质背景和世界特大滨海砂金矿床——美国诺姆滨海砂金矿床的地质背景相似，而且还具有南非兰德砾岩型金、铀矿床产出的地质背景特点。而辽东半岛注入黄海的鸭绿江、大洋河、庄河、碧流河等水系为滨海砂金“助力”，河流倾泻而下，输沙量大，是滨海砂金富集最有远景的地段。

山东牟平—荣成湾一带石英砂矿床规模大、质量好，是山东滨海玻璃用石英砂矿的主要产区。石英砂绵延于滨海砂质阶地、风成沙丘和海滩上，像透镜一样沿海岸线微微向海倾斜。除了石英，还能见到部分长石，少量榍石、角闪石和黑云母。

荣成湾—日照岚山头一带的滨海地区盛产锆英石、磁铁矿、钛铁矿和金红石等。特别是锆英石的储量十分丰富，约有31万吨，已发现大型矿床一处，小型矿床2处，矿点9处。

烟台大沽夹河、文登母猪河入海口，是砂金集中分布区。砂金一般“藏”在河床、阶地、海滩等地方，片状、粒状、圆柱状、枝叉状的砂金不规则地断续分布，有的是一层一层的，有的则像透镜一样，还有的像鸡窝，长能达到十米，甚至上千米，宽能从数米到数百米不等。

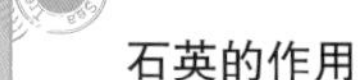

石英的作用

熔融石英是制造紫外线灯管不可缺少的材料，因为一般玻璃会吸收紫外线，而石英却能让紫外线通行无阻。石英正日益成为冶金、化工、电器部门当之无愧的“原料王子”。

“典型”滨海砂矿

号称“原料巨人”的石英砂矿，是滨海砂矿中储量最多的矿物，它们真可谓唾手可得、取之不尽。人们都知道，石英中可以提取出一种银灰色、性脆的半导体材料——硅。从20世纪60年代起，硅就被广泛应用于无线电技术、电子计算机、自动化技术和火箭导航方面，是整流元件和功率晶体管的理想材料。用硅制成的太阳能电池，能把13%～15%的太阳能直接转变为电能，这种电池重量轻、供电时间长。我国发射的人造卫星就采用了这种电池。

在滨海砂矿中，谁是当之无愧的“金属之王”？那一定就是滨海砂金了。滨海砂金不仅分布广、储量大，而且开采方便。它们多呈短片状或颗粒状，富集于海底的砂层中。另外，它们常常会与钒铁砂、磁铁砂、钛铁砂、独居石等矿物“结伴产出”，所以人们在开采砂金时，经常可以“一箭多雕”。

“空间金属”钛，它的母体主要为金红石和钛铁矿。金红石是一种红褐色的矿物，形状

砂矿之金红石

砂矿之砂金

好似四棱的小柱子，又硬又脆，呈金刚光泽；而钛铁矿则多呈黑色，粒状，性脆，具有强烈的金属光泽。它们虽然“外貌迥异”，却都是提取金属钛的重要原料。钛，相比较铁来说，要强韧得多，它的相对密度只有铁的一半多一点，而且不会生锈，熔点高达1725℃。钛合金既能经受住500℃以上高温的锻炼，又能扛得起－100℃低温的考验。

崂山绿石

眺望黄海，那里有一片绿，因为那里是崂山绿石的天堂，那里静谧温润、古雅深沉。仅是短暂地瞻仰一番，你便会恋上它的“柔情”。

“绿玉藏崂山。”在美丽的青岛崂山东麓，有一个美丽的海湾叫做仰口，在这里，你会见到许多墨绿、翠绿、灰绿，间有紫、黄、白、灰等色的上好崂山绿石。捧一块放在手心，一股变幻之美油然而生。

如果在矿物学专业书籍中找寻崂山绿石，那你就不能按这个名称去找了。因为在矿物学界崂山绿石可是有专有名称的，它叫做蛇纹玉或鲍纹玉。要说崂山绿石的主要矿物组成，还

崂山

真有点复杂，因为它主要是由绿泥石、镁、铁、硅酸盐矿物组成的，杂有叶蜡石、蛇纹石、角闪石、绢云母、石棉等。至于崂山绿石的品类，可分为**水石和**旱石两大类。其中，水石承受了亿万年海水冲击浸泡，光莹油润，适合雕琢；旱石经历了风蚀日晒，虽粗疏单调却尽显古朴，未曾雕琢的表面呈现潮水般的纹理，如水墨山水画，极具苍茫悠远之意。

拿起一块崂山绿石细细地观察，你就会发现它质地细密，晶莹润泽，色彩绚丽。对于名不虚传的崂山绿石来说，绿色当然就是它们的色彩基调了。如果你手里的崂山绿石是呈墨绿、翠绿、灰绿，间有紫、黄、白、灰等颜色，并且光洁细腻、荧中含翠，那么恭喜你，你拿到的就是上品崂山绿石了。

崂山绿石，色泽静穆古雅，深沉静谧，多有自然图案，有的在采集后稍加修饰即可供人们观赏。如果你见到放射状结晶的崂山绿石，呈现出奇峰高耸、岭脉延伸之景观，那你一定要好好赏玩一番，因为这样的崂山绿石可是难得的收藏佳品呢。

崂山绿石

仰口海湾距青岛市区有百里之遥，其湾畔有两条颜色特异的石脉蜿蜒入海。一条偏向东南方，石质稍软，颜色翠绿；一条偏向东方，石质稍硬，颜色墨绿。石脉越深入海底，质地越好，色泽越纯。秋冬季节农历初一和十五前后，是采石头的好时机，海水一退潮，绿石滩就会露出海面。

崂山绿石的作用

宋、元时期，人们常常将崂山绿石用于案头清供或制作文房用具，到了明、清两代，人们便将美丽的崂山绿石列入名贵观赏石的行列了。

崂山绿石的鉴别

一要看色彩的变化。崂山绿石以绿色为基调，但又不是单一的绿色，色深者墨绿浓黑，色浅者粉绿微蓝，再加上黄、白等色块条纹，变化无穷。

二要看结晶的变化。绝大多数崂山绿石为层状结晶，不同色彩浓淡交错，其斜面断层常呈现出多种多样的曲线纹彩，异常美丽。也有的在透明的绿石中杂有云母结晶，呈现出众多闪烁发光的金星颗粒。

三要看石质的变化。崂山绿石的矿物组成主要是绿泥石。用显微镜切片放大观察，可以看到多种美丽的结晶，略加雕琢，即可出现玉石的光泽。在石质选择方面，以细密坚实、晶莹润泽者为上品。

四要看形体的变化。不能要求崂山绿石皱、透，但要求其艺韵之秀，体形之瘦，气势之雄，风度之“自然典雅”。

镶嵌石

20世纪90年代后，“镶嵌石”逐渐成为崂山绿石的主流。当水石基地——海坑告罄后，人们便将目光转向旱石基地——旱坑，因此现在的许多上佳绿石，大多是从旱坑采集出来的。要知道，石头是无法再生长的，过度采集便会造成其“家族灭绝”的可能，人们为了保护仰口景区的景观和崂山绿石资源，出产崂山绿石的几个海坑和旱坑现在已被国家彻底封闭保护起来了。

崂山

田横石

将镜头摇转，刹那间你会沉醉于文人墨客的书卷气中那些“储水不涸，滴水不干”的田横砚，早已不再是书房角落的粗糙文具，已然摇身变为身价不菲的艺术精品。

“田横石，可琢砚”，“田横石质坚，色黑如墨，少有文采，偶见金星”，浏览一番《崂山志》、《崂山县志》等文献，你便会看到这样的记载。天生就是制砚佳石的田横石，它的“老家”就位于黄海海域中山东即墨的一个历史名岛——田横岛。

在田横岛西南部的深水中，藏着许多石质缜密细腻、硬而不脆、坚实耐研磨的田横石。因为长年受海水的温润滋养，饱含的水分又不易散发，所以它们都油黑透亮，莹润如玉。如此水润的田横石，在人们的手中常常被打磨成精致的砚台。用田横石雕凿的砚台，储水不涸，滴水不干，研而无声，发墨如油。

田横砚

田横岛

早在明清期间，田横砚就在当地广为流传了，有资料记载："即墨的田横砚为地方名产，当年曾被携入北京，作为珍贵礼品，赠送朝中显贵及京城的达官贵人。"在早期，田横砚的加工比较粗犷，或长或方或圆随其自然形状。因为那时候，人们所发现的田横石，还只是些处于潮间带的零散石块，但是这些天然石头经海浪的不断打磨，也都光滑温润，只需在其表面掘个墨池就能使用了。之后，人们才在落大潮时发现了深水中的优质田横石资源，田横砚也便随之兴盛了。并且，此时的田横砚也从之前单纯的文房用品升级为拥有艺术生命的精美工艺品了。

田横石

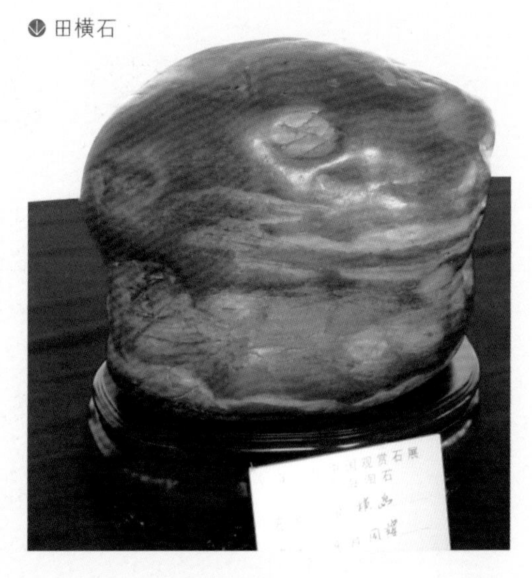

砚台制作者，常常根据自己的喜好，将天然田横石打磨成各种规格的正方形、长方形、八角形、椭圆形等，并且发挥自己的想象力，在其表面雕刻精彩纷呈的图案，有楼台亭阁、日月星云、山水人物、飞禽走兽，也有各类能够反映人文典故的图形等。其雕刻形式也是各有千秋，有透雕、高浮雕、浅浮雕，还有线雕等，构思巧妙，打磨考究。更有一些制作者独出心裁，巧借石头的天然色彩，将山水、花鸟、虫草、著名的历史人物故事等图案与之相契合，加以精心雕琢，使砚上图案惟妙惟肖，极富情趣。

我国砚台的历史源远流长。据专家考证，早在5000年前的新石器时期，我们的祖先就以碾磨加工谷物，创造了碾盘、碾石。之后，随着文明的不断进化，人们为了追求视觉的美观，便开始在碾磨上绘画、打磨雕刻图案等，这便是制砚历史的雏形了。到了汉代前期，因为墨还是天然的碎块状，所以砚都附带有杵棒，在使用时，人们需要将墨放置于砚台的墨池中，经加水用杵磨好之后才可书写。到了东汉末期，墨锭产生了，人们得以直接在砚上研墨。

田横砚的开发

优质的田横石，常处于海流湍急的深水中，开采十分困难，所以成本非常高。因此，田横砚的生产一度中断，其制作工艺也随之失传。近年来，青岛田横砚研究所历经数年和多方考察论证，最终决定与河北易水砚有限公司联合，共同实施对田横砚的研制开发。它们所开发的田横砚款式新颖，使田横砚重新焕发光彩。

黄海动力能源

黄海，就像是一曲交响乐，时而低沉，时而高亢，时而优雅，时而躁动。躁动时的黄海，动感十足，海浪翻卷、潮汐推滚，还豪放地打着节拍，使得黄海能量无限：波浪能、潮汐能，终日扩张着无穷的能量“细胞”，为人类源源不断地供给电流。此外，冷热交替的温差能，也给黄海的动力能源增添了不少正能量。

潮汐能

在月亮、太阳和大海的“秘密约定”下，潮汐能孕育而生。每天，它涨涨落落，起起伏伏，从不间断。同波浪能一样，潮汐能也是由两种能量组成的：潮汐的垂直升降运动所含的势能和潮流的水平运动所含的动能。

在黄海一带，潮汐能应该感谢两个逆时针方向的潮波系统。这两个逆时针方向旋转的潮波系统，是自南部进入黄海的半日潮波与山东半岛南岸和黄海北部大陆反射回来的潮波互相干涉，又受地转偏向力的影响而形成的。有意思的是，在黄海海域还出现了两个无潮点，它们分别位于成山头以东和海州湾外。此外，黄海大部分区域都有按时“上下班”的半日潮。

山东沿岸的潮汐能主要集中在成山头经石岛往南的海岸区，据水电部门调查，装机容量在200~1000千瓦的可开发岸段有12处之多，总装机容量为8400千瓦，年发电量为1680万千瓦时。

潮汐

说起潮汐发电站，人们自然会想起黄海一带的辉煌，山东乳山白沙口曾经是我国潮汐发电的摇篮。这里有中国北方最大的潮汐发电站——山东乳山白沙口潮汐发电站。但遗憾的是，这个辉煌一时的潮汐发电站，已于2007年停产。“倔强”的黄海，当然不肯就此“罢休”。瞧，在山东省乳山市的乳山口（距白沙口10多千米），一座利用大海涨潮纳水、落潮潟湖式港湾正屹立起来，它可是迄今为止我国最大的天然潮汐湖。正在建设的乳山口潮汐电站为4万千瓦级，规划装机容量为白沙口潮汐电站的40倍，年发电量约为1.03亿千瓦时。

白沙口潮汐电站

山东乳山白沙口潮汐电站，曾经每天平均能发电4000千瓦时。在每年的大潮期，能“吞”下244万立方米的海水，每台发电机一天可运行9~10小时。而在枯潮期，只有120万立方米的海水进入发电“储备仓库”，发电机一天运行4~5小时。此外，中潮期时170万立方米的海水能够被利用起来，发电机一天运行6~7小时。

波浪能

一波未平，一波又起，就在这起起落落、浮浮沉沉之中，海浪顺着风儿的抚摸欢快地翻滚着。而就在这场浪漫的风浪之恋中，雀跃的波浪积蓄了足够的能量，这就是波浪能。

选一个微风习习的日子，去黄海边走走吧，去看看黄海波光粼粼的“锦衣”，去听听黄海触人心弦的“歌声”。周而复始的黄海波浪，没日没夜地拍打着海岸，就在这壮美的自然风光中，它时而悄无声息，时而惊天动地，为人类积蓄着能量，提供着便利。

纵观黄海，其北部一带，一般以风浪为主，其南部海域则多现涌浪。

据相关数据统计，波浪能的理论存储量为7000万千瓦左右，沿海的波浪能能流密度为每米2~7千瓦。在能流密度高的地方，每米海岸线外波浪的能流就足以为20个家庭提供照明。面对如此惊人的数据，我们怎能不为之动容？如此巨大的能量，如果浪费在海洋里，岂不可惜？所以，我们急需要将这些大自然赋予我们的优质能量好好“加工”一番，使它们从海洋波浪能“转变”为可以照明的电能。

其实，早在30多年前，我国就已经研究波浪能发电技术了。在那时，上海、青岛、广州和北京的五六家研究单位对此开展了研究，并且都取得了显著的成绩。不仅100千瓦振荡水柱式和30千瓦摆式波浪能发电试验电站先后耸立于海洋之中，而且向海岛供电的岸式波力电站也渐渐走向成熟。

在黄海一带，提到波浪能研究，胶州湾一定会“兴奋”地站出来大声宣布属于它自己的辉煌。因为在这里，樊世荣先生曾创造了不小的奇迹。受鸟的扑翼原理的启发，当时正在航空工业部工作的樊世荣先生，大胆提出了利用波浪推动船舶前进的设想。为了践行自己的想

波浪能

法，他选择在胶州湾进行试验。他不仅对一个带12个边翼的船舶模型进行了实验，而且制造了更大的船舶模型，并研究了基于水翼原理的波力发电装置。

波浪发电装置

除了胶州湾之外，黄海海域的山东省即墨市大管岛也成绩斐然。现如今，来这里观赏黄海的美丽时，映入你眼帘的还有一个总装机容量达200千瓦的多能互补电站。只见它“安静”地伫立于黄海中，一动不动，但是，你可知这个由国家海洋技术中心研制的波浪能发电装置装机容量能够达到130千瓦！

黄海波浪能的成绩仅有这些吗？当然不是。现在，就让我们将视线转向黄海海域的成山头吧。它，位于山东半岛最东端，是黄海靠近中国近海区域波浪较高、潮流较强的水域。为了充分利用其天然的优质条件，我国的第一个波浪能、第一个潮流能海上试验场都“落户”在这里。自此，波浪和潮流不再漫无目的了，而是“自觉”地带动着成百上千个各式各样的“风车”均速转动。可千万别小瞧这些“连轴转”的风车，它们不仅能够发电，还是绝佳的“制冷机”呢。在夏季的青岛近海，它们能够把海面下20米处的黄海低温海水，转化为阵阵凉气，为城市小区供冷，很是环保。

温差能

你知道世界上最大的太阳能采集器是什么吗？答案就是海洋！你能想象全球的海洋在一年之内能够吸收37万亿千瓦的太阳能吗？37万亿千瓦意味着什么？它意味着每平方千米大洋的表面水层含有的能量，就可以抵得上3800桶石油燃烧发出的热量。

面对如此巨大的温差能，再看看陆地常规化石能源的匮乏，我们怎能不对它动心呢？虽然现在人类还不能科学合理地掌控海洋温差能，但是我们清楚地知道这样的事实：一旦温差能的开发技术成熟，其无可替代的潜力就会为世界能源危机解除“燃眉之急”。另外，温差能还有着取之不尽、用之不竭、发电负荷稳定（因为海洋的上下层温差比较稳定，几乎没有周期性波动）的优势，所以开发利用温差能迫在眉睫。

有朝一日，人们将海洋温差能的资源潜力挖掘出来，将能够解决缺电的难题。那么，海洋温差能是怎么发电的呢？所谓“海洋温差发电”，就是指利用海洋中受太阳能加热的温度较高的表层海水与温度较低的深层海水之间的温差进行发电。具体说来，就是利用温水泵将表层温度较高的海水送往蒸发器，液氨吸收了表层温海水的能量后，便会沸腾并变为氨气。之后，氨气会经过汽轮机的叶片通道，膨胀做功，推动汽轮机旋转。随后，氨气会进入冷凝器，在这里，深层的冷海水会将其重新冷凝为液态氨。如此循环往复，便会持续推动汽轮发电机做功发电了。

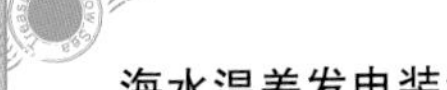

海水温差发电装置

海水温差发电的装置由两部分组成：一部分是构成发电循环的设备，如蒸发器、冷凝器、汽轮发电机、循环泵和辅助设备等；另一部分是海洋结构物，如海洋结构物主体、冷水取水设备、温水取水设备和电站定位设备等。

如此诱人的资源，黄海拥有多少呢？它的温差能蕴藏情况如何？——可以说前途一片光明。相比较潮汐能、波浪能、海流能，其温差能的储量是最大的，所以我们应该对其“寄予厚望”。另外，由于黄海的温度地区差异非常显著，并且季节温差变化和日温差变化都较大，具有明显的陆缘海特性，因此，我们完全可以这么说：黄海的温差能“后劲十足”，当然相比南海“老大哥”来说，黄海的温差能蕴藏量还是有一定差距的。

每逢夏季，黄海便“傲慢”起来了，因为此时它的温差能量最显著。粗略估算，其蕴藏量就有8.5×10^{16}千焦耳，其理论可开发利用量达3×10^{15}千焦耳。然而，黄海的这股“傲气”并不能持续很长时间，因为它确实有“硬伤”：黄海的深度较浅，而且其暖层厚度仅仅为10米左右，所以要想直接发电加以利用是很困难的。好在天无绝人之路，我们可以考虑利用热泵技术来向“龙宫”要能量。

为了赢在起跑线上，国家海洋局第一海洋研究所在“十一五”期间便重点开展了闭式海洋温差能利用的研究，出色地完成了海洋温差能闭式循环的理论研究工作，还完成了250瓦小型温差能发电利用装置的方案设计。在2008年，更是承担了“十一五”科技支撑计划的“15千瓦海洋温差能关键技术与设备的研制”课题。要知道，这个项目得到了“十一五科技支撑计划”的资助。那么，进展如何呢？放心，项目进展还是很快的。“15千瓦海洋温差发电站”已经完成测试了。

回首黄海，骄人的成绩远远不止这些。2010年，“黄海冷水引水位置优选与工程可行性论证”项目使得黄海的温差能研究工作得以“快马加鞭”。这个项目是针对黄海冷水团综合利用中急需解决的取水问题展开研究的。它基于对黄海冷水团边界、冷水温度分布和地貌资料的分析研究，对黄海重点区域的温度随时间的变化进行调查，进而获得了冷水资源资料和引水工程的优化路由方案。总之，这项研究工作的进展，为夏季黄海冷水团的制冷利用打下了坚实的基础。区别于一般的温差能发电技术，它是针对黄海海水温差进行高效率利用的海水空调技术的开发。

温暖的海洋

黄海渔业资源

黄海，品性中和，既不像南海那么热烈，也不像渤海那么内敛。如此“好脾气”的大海，自然少不了众多的海洋“粉丝”。当清晨的第一缕阳光直射海面时，黄海热闹的一天便就此开始。各式各样的鱼类，与成千上万的虾兵蟹将、海洋哺乳动物等“结伴”成群，终日快乐地游戏在这个美妙的世界里。正是这源于海洋的欢乐，惹得舟楫中的渔民也展露微笑。“渔歌声声话丰硕，采舟漫漫焕眉颜”，黄海捕捞，的确是件幸福事。为了将幸福延续，黄海渐渐开启了“耕牧”模式，此后的黄海养殖业越发“牧歌”阵阵，和谐持续。

黄海捕捞

近4000千米的海岸线、约824万亩的滩涂，“大富豪”一般的黄海，鱼虾“雀跃欢腾”，蟹贝“安居乐业”。如此丰富的渔业资源，无疑为黄海捕捞业带来了福音。在黄海，主要的经济鱼类有大黄鱼、小黄鱼、带鱼、太平洋鲱、鲐鱼、银鲳、蓝点马鲛、鳓鱼、鳕鱼、鳀鱼、黄姑鱼、叫姑鱼、白姑鱼、短鳍红娘鱼、牙鲆、扁头哈那鲨和孔鳐等，共计40余种。还有种类繁多的对虾、乌贼、毛虾、三疣梭子蟹等海洋生物。

据统计，黄海每年年产量在万吨以上的海洋生物有10种，其中，小黄鱼、太平洋鲱和毛虾年产量更是能达到10万吨以上。要说黄海捕捞的辉煌期，那应该回到20世纪去瞻仰一番了。在20世纪50～70年代期间，黄海区底层鱼类中的小黄鱼、带鱼、鳕鱼、真鲷、大黄鱼、黄姑鱼、牙鲆、高眼鲽、海鳗和中上层鱼类中的鳓鱼、太平洋鲱以及中国对虾都曾经先后拿到过历史最高渔获量的桂冠。20世纪80年代至90年代初，黄海仍旧“卖力前行”，年均渔获量“腾腾”上涨，

黄海鱼市（辽宁黄海岸）

出海捕鱼

数量从50年代的36万吨增加到113万吨。小型底层鱼类如叫姑鱼、梅童鱼，以及小型中上层鱼类如黄鲫、青鳞鱼、斑鰶、鳀鱼、沙丁鱼等等都先后达到了历史最高渔获量。另外，三疣梭子蟹、曼氏无针乌贼、太平洋柔鱼等品种也是收获颇丰。

如今的黄海捕捞依旧“给力”吗？这还得问问黄海海域的那些渔场。它们分别是黄海北部渔场、黄海中部渔场和黄海南部渔场。其中，黄海北部渔场为半封闭性的浅海，水深一般为10～50米，主要包括海洋岛渔场和烟威渔场；而黄海中部渔场是个典型的“连锁”渔场，包括石岛渔场、青海渔场、海州湾渔场、连青石渔场、石东渔场和连东渔场；至于黄海南部渔场，则主要为开阔性浅海，沙滩多、涡流多，主要渔场为吕泗渔场和大沙渔场。

连青石渔场，其身份如何？它南临大沙渔场，西接海州湾和青海渔场，东连连东渔场，北依石岛渔场。面积约为5.8万平方千米，水深30～60米，西部较浅，东部较深，渔场底质多为沙质。

在连青石渔场的南部，旋转流一直在以顺时针的方向旋转“舞蹈”。在这浪漫的旋转舞的感染下，此处的渔场不仅水质肥沃，而且饵料生物非常丰富。因此，这里便常常会迎来一群春季北上产卵、秋季南下越冬的过路的鱼虾群。此外，连青石渔场还深受对虾、真鲷等名贵鱼虾的“青睐”，因为连青石渔场的东部深水区底层，冬季能保持一定的温度，所以对虾、真鲷等海洋生物便会到这里“越冬抵寒”了。

连青石渔场的整个渔场，都在机动渔船底拖网禁渔区线以外，所以，你常常会看见渔民开着机动渔船在这里拖网作业。那么，在渔民渔网中跃动的都有些什么鱼呢？蓝点马鲛、鲐鱼、真鲷、小黄鱼、带鱼、黄姑鱼、白姑鱼、鲳鱼、鳓鱼、鳕鱼、黄鲫、乌贼、对虾等，种类繁多。

地处山东半岛北部海域的烟威渔场，其面积共计7200平方海里。每年的3月至6月，8月至12月，都是烟威渔场最忙碌的时节。因为此时正是渔民捕捞鳀鱼、细纹狮子鱼、小黄鱼、绒杜父鱼、鲐鱼、鲆鲽类、鳕鱼、马鲛、对虾、叫姑鱼、黄姑鱼、带鱼、真鲷、对虾、鹰爪虾等的大好时节。

山东石岛东南的黄海中部海域，都是石岛渔场的“地盘”。在石岛渔场中，鳕鱼一定是极为“尊贵”的，因为在泱泱黄海中，它们只“钦定”石岛渔场为自己的产卵区。此外，地处黄海南北要冲的石

青岛青山渔场

黄海的渔场

黄海各渔场难分伯仲，相比较而言，烟威渔场、石岛渔场、海州湾渔场、连青石渔场、吕泗渔场和大沙渔场，是黄海捕捞业的中流砥柱。

岛渔场，还是中国对虾和小黄鱼的越冬“乐园”。在石岛渔场，常年可以看见捕捞作业的渔民，但是其劳动繁忙的局面主要出现于每年的10月份至次年的6月份。

跻身“全国八大渔场”之一的海州湾渔场，在很早以前就因盛产黄鱼、带鱼、梭子蟹、对虾等多种海产品而颇负盛名了。因为这里天生就有优质渔场的样子：有适中的水温，沿岸有10多条入海的河流能为其提供丰富的营养物质等等。

去过海州湾渔场的人，一定会对前三岛附近的优良海域念念不忘，的确，这里不仅环境清新，还是一片“富贵地”。因为这里是江苏省唯一的海参、鲍鱼、扇贝等珍贵海产品的产地。

位于黄海南部的大沙渔场，是黄海暖流、苏北沿岸流、长江水流交汇的海域。这里，浮游生物繁盛，是多种经济鱼虾类越冬和索饵的好地方。每年5月份前后，马鲛、鳓鱼、鲐鱼等中上层鱼类，便会“举家搬迁”，由南而北做产卵洄游。在中途，它们会被大沙渔场的风光所“吸引”，所以在“路过”此地时稍作“休憩”，进而形成大沙渔场的春汛。到了7月份至10月份时，这里便会“云集”众多的索饵带鱼，这些带鱼不仅分布广、密度大，停留时间也很长。此外，如黄姑鱼、大小黄鱼、鲳鱼、鳓鱼、鳗鱼等其他经济鱼类也在大沙渔场索饵、寻觅食物时形成又一个渔汛。

吕泗渔场，位于南通市和盐城市的东部，三面环“渔场”，其南面是长江口渔场，北面是海州湾渔场，东面是大沙渔场。提到吕泗渔场，人们总会想起那些远道而来的泥沙。因为

吕泗渔场周边的泥沙运动非常频繁，就连其渔场内部的沙滩位置与形态也常常会发生变化。

被誉为“沙洲渔场”的吕泗渔场，是黄海海域比较“娇小”的渔场。另外，吕泗渔场的水深较浅，最大深度仅为40多米。但是，看似“发育不良”的吕泗渔场，却有着黄海海域其他渔场都欣羡的条件：处于赤道暖流的支流——黄海暖流、长江径流和苏北沿岸流三个水系的交汇处。有这样得天独厚的优势，吕泗渔场中众多的水体营养物质在此富集，与此相应的便是各种鱼虾蟹等“闻讯赶来”，在吕泗渔场这个“最佳餐厅”久久“逗留”了。

吕泗渔场

吕泗渔场，何谓“吕泗”？这还得从八仙说去。相传，“八仙”之一的吕洞宾，曾先后四次仙临于此，久而久之，这里的海鲜也沾上了仙气，因此人们便将这里命名为“吕泗”。在这里，“天下第一鲜”的文蛤、肉质鲜嫩的大小黄鱼、横行霸道的梭子蟹、形似文竹的竹蛏，还有银鲳、灰鲳、带鱼、鱿鱼、章鱼、海鳗、海蜇、各种虾类、文蛤、西施舌、毛蚶、海螺等等恣意畅游，数量繁多。

历史上的吕泗渔场，还是著名的大黄鱼产卵渔场，大黄鱼年产量最高曾达8万多吨。而现在，吕泗渔场主要是小黄鱼的产卵渔场了。

黄海养殖

曾几何时，人类不再过着茹毛饮血的生活，学会了狩猎、畜牧；曾几何时，人类不再将目光局限于辽阔的陆地，而是渐渐将目光移至广袤的大海。如今，人类用智慧和汗水，一次次地“驯服”了海洋，终于实现了人类历史上食物生产的又一次大飞跃。在这一次飞跃中，我们看到了这样一种可能：海洋也是可以“耕种”的。

你或许认为我国地大物博，但实际情况却是我国可耕种的土地面积正在逐年减少，我国18亿亩的耕地红线已经“越勒越紧”，农业和畜牧业的发展都亮起了“红灯”。面对如此严峻的形势，我们该如何应对？仅仅是向陆地要粮食吗？不！我们应该大兴“蓝色农业”！

“蓝色农业”不等于“贪婪捕捞”。每年，人类都会从海洋中获得数以亿吨的海洋食物，但是，在这其中将近80%的食物都是通过海洋捕捞获得的。据联合国粮农组织的报告，全世界已经有60%的经济鱼种呈现资源衰退、枯竭或处于临界的状态。所以，我们应该让大海“放轻松”，因为大海确实需要休养生息了。我们不能为了自己的贪婪，而一味地过度捕捞，让大海来为我们的“贪婪”买单。

“蓝色农业”约等于“海水养殖”。你知道吗？魅力无穷的海水养殖，就是“蓝色农业”的中流砥柱。大兴海水养殖，不仅能够满足人类对某些经济鱼虾蟹等的需求，还能平衡海洋的产出比，无论是对人类，还是对海洋来说，都是十分有益的。纵观世界各地，“蓝色农业”都搞得有声有色，我国当然也不例外。近30年来，水产养殖业的发展如快速列车一般，产量逐年猛增。另外，我国早在1988年就实现了养殖产量超过捕捞产量的飞跃，而在2006 年，又实现了海水养殖产量超过海洋捕捞产量的重大飞跃。

海水养殖浪潮

发展“蓝色农业”这条道路，究竟能不能走得通呢？如果有这样的顾虑的话，那就先来看看我国历史上的五次海水养殖浪潮吧，另外，只要你留心关注，你还会发现这五次海水养殖浪潮与黄海都有千丝万缕的联系呢。

第一次浪潮：海带养殖。在20世纪50年代，海带还是个稀缺物，它的美味并不是每个人都有机会尝到的。为了满足人们对海带的好奇，水产学家绞尽脑汁地去研究科学养殖海带的方法。在一次次的“头脑风暴”后，山东水产养殖场、中国科学院海洋研究

海带

海带养殖

所、黄海水产研究所等单位终于在“强强联合”之下，研制出了海带全人工筏式养殖、海带夏苗培育法、海带自然光育苗等方法。从此，海带不再是漂洋过海的“外来妹”了，我国终于有了本土海带。

到了60年代，以中科院海洋研究所曾呈奎院士（早年称学部委员，1994年改称院士）为代表的青岛海洋科技工作者，又成功地把海带这一亚寒带生长的海藻移植到了江苏、浙江、福建和广东沿海一带。这一成果使得我国海带的总产量“一路飙升”，甚至跃居世界第一的宝座。直到现在，我国仍是这一纪录的保持者，仍是世界上最大的海带生产国。面对世界，我们可以骄傲地说：世界上80%的海带都是我们生产的。

第二次浪潮：对虾养殖。把岁月的指针尽情地回拨吧，当时间回到20世纪80年代时，黄海海域有这样一出戏，戏的主人公是对虾。这到底是怎么一回事？说来很简单，在当时，黄

对虾养殖

鲍鱼养殖

海水产研究所的赵法箴院士同其他科研人员一起，突破了“对虾工厂化全人工育苗技术”。这一成果从根本上改变了我国长期主要依靠捕捞天然虾苗养殖的局面，大大推动了我国对虾养殖产业的发展，也带来了更大的海洋虾类养殖浪潮。

1983年，在驻青海洋科研机构的指导下，青岛市对虾放流增殖试验获得成功。并且自1984年起，黄海沿海地区还出现了一次“养虾热”，仅仅一个冬春时期，新建的养虾池就达4.2万亩，要知道，这个数据可是要大于过去几年的总和的。

虽然对虾养殖的技术已经日渐成熟，但是人们对对虾养殖研究的步伐并没有停止。在20世纪90年代初，中科院海洋研究所经过数年的研究试验，一举攻破了美国凡纳滨对虾人工授精及育苗工艺的重大难题，使得我国的对虾养殖产量迅速成为世界第一，年产量约占全球养殖量的30%。

第三次浪潮：海湾扇贝养殖。早在1982～1983年，中国科学院海洋研究所，就曾先后三次引进美国海湾扇贝进行研究，并突破了苗种培育等关键技术。在这种技术的指导下，仅在1985年，山东省的海湾扇贝养殖面积就达到400亩。那么，黄海一带是在什么时候兴起海湾扇贝的养殖浪潮的呢?

是20世纪90年代。那时候，中国科学院海洋研究所的张福绥院士等首次从美国大西洋沿岸引进海湾扇贝，并系统研究解决了在中国海域养殖海湾扇贝的一些生物学与生态学问题，突破了产业化生产的一整套工厂化育苗与养成关键技术，在我国北方海域形成了海湾扇贝养殖的新产业。1995年，我国扇贝养殖产量达91.6万吨，其中山东为74.3万吨，海湾扇贝占1/3。

第四次浪潮：鱼类养殖。勇敢在第四次海水养殖浪潮中突围的是“鲆鲽养殖”。回顾历史，在新中国成立初期，我国的海水鱼类养殖仅仅只有粗放养殖的鲻鱼和梭鱼。在如此惨淡的海水鱼类养殖状况面前，黄海水产研究所的雷霁霖院士等人，于1992年从英国引进了冷温性鱼类良种大菱鲆。

追逐梦想的过程总是伴随着坎坷，由于大菱鲆的育苗技术难度比较大，专利技术又很昂贵，所以在经过8年的艰苦探索后，黄海水产研究所才迎来一阵欢呼声。雷霁霖院士等不仅成功突破大菱鲆育苗技术，成功培育了100万尾鱼苗，还构建起了“温室大棚+深井海水”的工厂化养殖模式，开创了大菱鲆工厂化养殖产业。

第五次浪潮：海珍品养殖。海味珍馐，总是一次次地挑逗着人们的味蕾，用它们的鲜美滋味牵动每一位食客的心。就在大家被这些海味珍馐所诱惑时，它们的数量已经在快速减少。尤其是在20世纪70年代，海参、鲍鱼等野生海珍品资源已经很少了。

为了拯救海珍品，为了使它们的美味延续，海洋科研单位开启了对海参、鲍鱼等养殖技术的试验和研究，不久便在刺参、鲍鱼人工育苗和养殖技术上取得重大突破。除此之外，这些单位还开展了刺参病害防治、刺参苗种复壮、良种培育等研究，建立了刺参育种技术平台。正是这些高科技“扶植”的养殖试验，使得海珍品没有成为“过去时”，而是愈加地繁盛、庞大起来。2008年，我国的海参养殖总产量便达到了9万吨，总产值超过了200亿元。另外，由于在鲍鱼养殖技术方面的全面突破，我国的人工养殖鲍鱼的年产量总能保持在数千吨的高水平层次上。

⬇ 海珍品养殖

时隔多年，当我们再次回首掀起了“蓝色养殖”技术革命的五次浪潮时，我们内心深处留存更多的是一份感恩。因为正是这些翻天覆地的“蓝色农业”革命，使得人们对海洋的索取不再仅仅停留在“捕捞”的层面，而是更有底气地投身于海水“养殖”的事业中，也正是拥有了这份转变，人类与海洋之间的关系才没有变质。

在未来的岁月中，我们相信，人类会用其更为先进的生物科学技术，将海洋这座“蓝色大厦”建设得更加立体、更加辉煌。

养殖“大工业时代”

回望过去，五次海水养殖浪潮让人心潮澎湃；眺望未来，海水养殖正从“大农业”时代迈向“大工业”时代。正如雷霁霖院士所说的那样：“工业化养鱼是现代渔业的发展方向。”

工业化养殖

提到“工业”二字，首先映入脑海的便是轰隆作响的大机器；其次，我们还会想到各种工业污染。那么，这些被纳入“工业化”养殖、加工的海洋生物健康吗？试想一下，一条小鱼，从其育苗、养殖，一直到加工环节，其一生的命运被完完整整地纳入一个工业化的操控体系中。对它来说，其养殖户不再是农民，而是技术工人了。那么，这些技术工人能够确保这条小鱼的健康吗？

工业化养鱼

工业化养鱼，在欧美各国称之为高密度养鱼，是根据养殖对象的生长需要，对鱼池水质处理达到养殖对象最佳环境的设施渔业。近几年来，工业化养鱼已成为工业发达国家水产养殖的主流。

放心！工业化养殖，在高科技和先进环保理念的护佑下，很是低碳、清洁、环保、绿色。但是，我们也不能对此掉以轻心。因为要想真正迎来水产领域的“大工业”时代，我们就一定要处理好自然与环境的关系。毕竟，海洋生态与环境资源的潜力，将会在很大程度上制约着我国未来的发展。所以在推进“蓝色工业”的同时，我们应该一手抓生态养殖，一手抓工业养殖，只有协调好这两个方面的关系，“蓝色工业”才能协调、高效、持续地发展。

海洋药物资源

累了倦了，去海边漫步吧，让大海的歌声去涤荡那些扰人的思绪。因为汹涌的大海，就好似一剂良药，总能给予灰色身影更多的正能量。然而，你知道吗？大海还真是座“药材宝库”呢。轻轻叩响海洋“药房”的大门，你便可以放心地向大海“求医问药”了。相信大海这位人类心灵的最佳聆听者，一定会给予你最满意的答复。此外，你大可用你的聪明才智，给大海的医药梦想一个踏实的交代。或许，你还可以借着科学的翅膀，将海洋医药的光彩尽情释放。

海洋天然药材

如果你一不小心，穿越到了古代，并且变成一位大夫，你会怎么利用那些奇怪的海洋动植物医治病人呢？如果有疑惑的话，请参照以下药方。

如果病人上火并患有炎症，那么就给他一些有清热解毒功效的药物吧。石花菜、蜈蚣藻、文蛤、珍珠贝、鲎（尾、胆）、灰星鲨（胆）、网纹裸胸鳝、海鳗（鳔）、玳瑁等都可以入药。如果病人患有风湿，那就可以给他吃一些台湾枪乌贼、海燕、尖齿锯鳐及锯鲨（胆）、海鳗、海蛇、鲸鱼、蛤蜊肉。如果病人是位孕妇，需要补血养胎，那么可以吃一些

海洋药物之海马

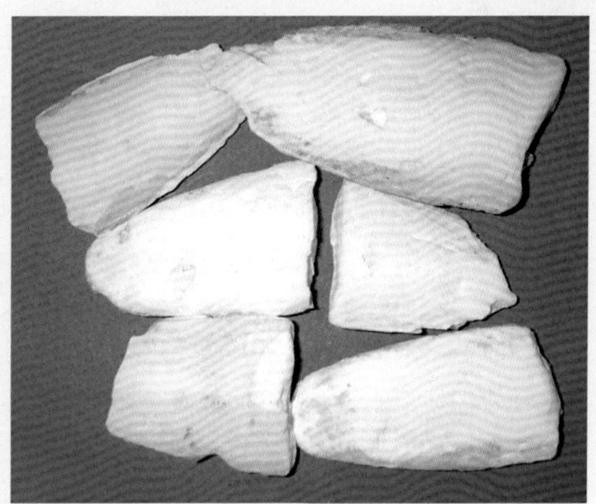
海洋药物之海螵蛸

◉ 海洋药物之海参

◉ 海胆

海参，此外，海狗、海豹、海马、海参等也可作备选。如果病人咳嗽哮喘，那么可以让他吃一些海蜇、海胆、鹧鸪菜。如果有病人想要润肠，那可以考虑海浮石、海蛤壳、毛蚶壳（瓦楞子）、海带、海蛾鱼，保准软坚散结。

在古代只要记住以上配方，相信再怎么不懂医术，你也会很受欢迎的。

这些海洋药材究竟有多大的本领呢？先来看一下药用海藻类的功效吧。经过大量的科学研究，人们从海藻中发现了具有多种生物活性的多糖类化合物（如海藻多糖、岩藻多糖、红藻多糖等）、生物碱类、聚酮类化合物、环肽类、内缩醛肽、噻唑衍生物、类固醇、硫代糖脂以及藻毒素类化合物，它们都是抗病毒、抗感染、抗肿瘤和防治心血管疾病药物的重要先导化合物。

再来关注一下珊瑚、海绵、软体动物等海洋无脊椎动物及红树植物吧。科学家从中分离鉴定了千余种海洋天然产物，并发现了一批具有抗肿瘤、抗心脑血管病、调节免疫、抗菌、抗病毒等作用的化合物，如萜类、喹啉酮系列、柳珊瑚酸及其衍生物、内酯三萜系列、短肽及环肽类、甾醇类、神经酰胺等。

此外，海洋微生物也不容小视。这些存在于高盐、高压、低温或无光照等特殊海洋环境下的海洋微生物，其丰富多样的次级代谢产物也显示出巨大的药用开发潜力，相信在不久的将来，它们便会为海洋药物研究上演一出精彩纷呈的好戏。参照目前的一份调查报告，我国已经对310余种海洋微生物（细菌、真菌和放线菌）及其次级代谢产物进行了生物学、化学、药理学等方面的相关研究，并且取得了相应的进展。

鉴于上述情况，急需对中国近海药用生物资源开展研究与保护工作。今后还应对这些生物种群的基因组学进行研究，构建这些生物的基因库，同时构建种质库，挽救并永久保存这些生物的基因和种子，为后续研究和开发提供长远的资源保障。海洋生物的物种多样性是寻找海洋活性天然产物、发现药物先导化合物、开发海洋药物的资源基础。

新兴海洋产业

随着现代生物技术的发展，人们不再只关注那些陆地上生长的草药了，而是渐渐地将找寻的目光投向了海洋。因为在那里，人们看到了医药界的曙光；因为在那里，一个新兴的海洋产业——海洋生物医药产业正在成长。

海洋药物的开发

目前，国际上以海洋微生物、海藻、海洋动物等为原料开发新型生物制品、功能材料和生物能源等已经成为热点，海洋真菌类药物已经成为全球抗感染性疾病的主力药物。

放眼我国蓝色经济热潮的涌现地，山东、广东、江苏、福建等沿海省份无不纷纷看准了海洋生物医药产业这块大蛋糕，并把它作为蓝色经济的增长点去加速推动。

以山东省为例，作为生物医药业的“龙头老大”，其2008年的海洋生物医药业增加值占全国的37.6%。据了解，随着国家生物产业基地落户青岛，青岛市崂山区经过几年的培育和发展，100余家海洋生物相关企业交相辉映，海洋生物产业年产值以每年平均30%的速度增长，已逐渐形成了以黄海制药为龙头、华仁药业和爱德检测等为中坚的梯次发展的企业队伍，以海大兰太等20余个大项目为代表的海洋生物医药产业带，也如蓝色浪潮涌上金色海岸。

此外，位于黄海之滨的江苏省，从1997年建立第一个省级海洋药物研究开发中心起，就将海洋药物作为开拓海洋新兴产业的重点对象。如今的江苏省，将海洋药物研发中心与省内的海洋经济开发区和科技兴海示范基地联动，在海洋药物的开发和成果转化方面发挥了积极作用。目前，江苏海洋医药保健品产业已取得突破性进展，如南通双林生物制品公司研制的降血糖、解酒、补钙等功效的海洋保健品推向市场后，就获得了广泛的好评。

海洋药物研究

我国的海洋药物研究也收获颇丰，因为我国也算是世界上利用海洋药物最早的国家之一，早在20世纪70年代就对现代海洋药物进行科学研究了。此后，海洋药物研究还一度成为国内海洋综合考察及天然药物开发的热点。50年来，海洋药物的研究金光灿灿，到目前为止，我国已开发的海洋药物有藻酸双酯钠、甘糖酯、多烯康、烟酸甘露醇酯、多康佳、海力特、卡迪康、洛伐他汀、降糖宁散、一敷灵等；正在开发的抗肿瘤海洋药物有62硫酸软骨素、海洋宝胶囊、脱溴海兔毒素、海鞘素A（B、C）、扭曲肉芝酯、刺参多糖钾注射液和膜海鞘素等。

为了能够与国外接轨，我国也对海洋活性物质进行了研究。如从软珊瑚、柳珊瑚及海藻中获取了具有抗癌活性的前列腺素及其衍生物；从刺参体壁分离得到了刺参苷和酸性黏多糖；从海洋贝类及棘皮动物中发现了多种抗癌物质。此外，我国还研制了可用于医治心血管疾病的蛤素、鲨鱼油、海藻多糖等。

研究海洋药物的第一人：管华诗

回首2009年，我国的国家技术发明一等奖花落海洋药物研究领域，中国海洋大学申报的由中国工程院院士管华诗领衔完成的“海洋特征寡糖的制备技术（糖库构建）与应用开发”项目拔得头筹。

管华诗院士

藻酸双酯钠（PSS）无疑是管华诗院士最引以为豪的科研成果，它不仅决定了管华诗以后的科研方向，也引发了社会各界特别是科学界对海洋药物的兴趣，现代海洋药物研究的序幕由此拉开。管华诗和他的PSS为中国海洋制药业的发展作出了奠基性的贡献。

这个新课题的出现要追溯到1979年，研究新药PSS项目摆在了管华诗的面前。他要做的就是把来自海洋的生物活性制品加工成防治心脑血管病的新药，原材料仍是制碘产生的附带产品。管华诗所带领的海洋药物团队通过一次又一次的实验，终于在6年之后的1985年，成功研制出我国第一个海洋新药——“藻酸双酯钠（PSS）”。

蓝色经济风起云涌，海洋药物及生物工程制品越来越凸显出自己的价值，成功实现了产业化、商品化的“藻酸双酯钠（PSS）”，投产15年来累计总产值已超过35亿元，利税超过10亿元！

如果你对药学领域很感兴趣，那么你的书单里一定不会缺少这样一部工具性书籍——《中华海洋本草》。这部书是由管华诗院士领衔，300多名专家历时5年心血编纂的。书中共记载613味海洋药物、1479种药用生物以及一些具有潜在药物开发价值的物种，真可谓一部“海洋药物大全”。它的问世，不仅向我们展示了海洋药物的未来发展前景，而且必将在海洋药物研究与开发、海洋生物资源的高值化利用、海洋环境的保护和优化等方面发挥重要的促进作用。

黄海考古藏典

YELLOW SEA ARCHAEOLOGY

03

云卷凝滞，浪迹天涯，黄海风光旖旎而优雅。潮湿的音符，断断续续的，却总能谱写出动人的透明旋律。欢快的黄海，舞着粼粼碧浪，一不小心却搅出了沉寂多年的未知。在这个装载历史的海洋宝盒里，东方海上丝绸之路、千年古港、黯淡沉船，都在悠悠地讲述着它们的“前世今生”。关注黄海，关注它的每一个文化碎片，你会凑出一个令人惊讶的浓缩的时代标本。

水下考古面面观

美国著名的水下考古学家乔治·巴斯，一次在谈及水下考古学的未来时曾经这样讲道："技术的实践和学术的关心，必将促进水下考古学的飞速发展。"而这一观点，无可厚非地成了全世界水下考古工作人员的共识。的确，辽阔宽广的大海里，有多少水下遗产正等待着"伯乐"的到来，等待着阳光的普照。但是，大海捞针，毕竟不是什么轻而易举之事。所以，高科技探测技术，呼之欲出。

潜在难题

1943年，法国工程师库斯特发明了自负式压缩空气潜水技术，从此，水下考古开启了科技之旅。而在此前，人类只能在很浅的水域，靠屏气裸潜，进行短暂的水下作业，或者由一些受过专业训练的潜水员，使用一些极其复杂并且价格昂贵的设备进行潜水，效率极为低下。

想象一下，如果你是一名水下考古工作者，可能会遇到哪些难题呢?

身体不适！在海底考古工作时，潜水员需要较长时间地待在深海处。看似很帅，但是你可知道，当人在超过18米的水深处，就会有氧麻醉和氮麻醉的危险，生命便不再是安全的了。另外，如果潜水人员在水下停留的时间过长或者在上升时速度过快，也会出现一些减压病的症状。

长岛

水流和潮汐变幻莫测！一般来说，沉船和水下遗址，通常位于海况比较恶劣的诸如礁盘、沙岗等的海底。而这些地方的水流，真可谓变化莫测。为了保证考古人员的安全，在开展工作前，就需要我们花费很大的精力去制订周密的工作方案。然而，"计划赶不上变化"，有些时候，虽然我们已经做好了各种准备，但是变幻莫测的水流和潮汐，往往会出来"捣乱"，使得潜水考古工作只能是"歇以待命"了。

水下考古难题：潜水深度有限

光线暗！在我国周边的海域，除了南海之外，水质普遍比较差。透过潜水镜，如果能够看到10米之外的物体，那就谢天谢地吧，因为这说明你正处于一汪透明度很好的海水中。而在更多情况下，你的视野不会太佳，因为你所到之处几乎没有一丝的光线。在这样的恶劣条件下，工作怎么会顺利？尤其是遇到不好的天气时，水深超过10米的水域透明度更低，即便是使用各种水下照明器材，也无法保障工作的效果。

面对这些困难，我们必须知难而进，因为海洋的秘密需要告知天下。

设备“上阵”

为了使水下考古更有效地进行，人们需要一些专业的科技设备进行辅助，因为它们能够使人们的工作“如虎添翼”。一般来说，人们在进行水下考古时，首先应该进行物探调查，知晓水下的具体情况。譬如，你是一位海底考古工作人员，你需要在茫茫大海中找寻一艘沉船，那你会怎么做呢？相信你会求助于声纳、海底剖面仪等声波类传感仪器了，因为神通广大的它们，能够帮助你精准地探知沉船的位置。

即便沉船已经被风暴或战争分解得支离破碎、四分五裂了，这些仪器也能够帮助你获得想要的信息。不过，过程会有些许的麻烦，因为你需要执行“分割”策略，即将这艘沉船的大体水域划分出若干小的区域，然后再用船只拖载着相关的传感仪器，对这些小区域的水下情况进行“地毯式”的扫描。这样，你就可以在较短的时间里完成较大海域面积的扫描了，船只的信息也会“浮出水面”了。

如此神奇的传感器系统，究竟是如何工作的呢，它们各自的本领是什么呢?

先来看看声纳吧，它扮演着什么样的角色呢？我们说，一个简单的声纳——回声探测器或回音探测仪，就能够根据脉冲发射到达海底再从海底反射回来的时间，算出水的深度。再来看看侧向扫描声纳的本领吧，它是利用高频声波在海底反射的原理来探测海底形貌和沉积结构，其图谱记录如同水下摄影图片。

水下考古装备

要进行水下考古，以下装备必不可少：压缩空气瓶、面镜、气瓶、呼吸管、呼吸器、潜水仪表、脚蹼、压铅和潜水服等等。另外，水下用照相机、测量工具、潜水刀、水下手电筒以及鱼枪等潜水设备也缺一不可。

水下考古辅助设备：海底地层剖面仪

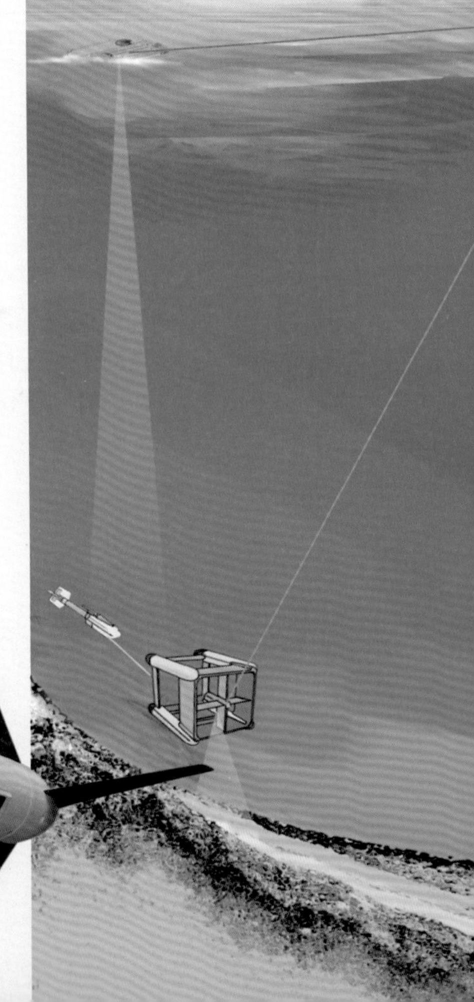

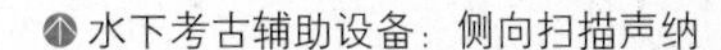

水下考古辅助设备：侧向扫描声纳

那么，海底地层剖面仪呢，它有什么特异功能？可不要小瞧了它，它不仅能够为我们提供有关海底物质与结构的声波，而且能告知我们海底的有关深度、沉积物及基底岩石、埋藏的管线、失事船只残骸等信息。

至于质子旋进磁力仪，它就像海龟一样，是个“两栖动物”，能够在陆地和水下遗址中工作。在陆地上，它能够发现铁器、填平的壕沟与洼地，以及诸如墙体、地基、道路、墓葬等特定环境；而在水下，它能帮助探寻者探查铁制船只、大炮和炮弹，以及其他如油罐等文物。

水下考古辅助探测设备模拟图

黄海考古“古今谈”

苍穹如幕，泛着晶珠的黄海，叹气连连，好像一个历经沧桑的老者，感叹着世事变幻的无常。或许黄海的心思，也只有那天边悬挂的朵朵金云才知晓吧，因为只有它们才见证过黄海的那些过往烟云与辉煌灿烂。让我们给黄海一个真诚的注视吧，认真聆听属于它的肺腑心声。或许，你真的就会感受到远古的一幕又一幕；或许，你真的就会在蒙眬中看到那些升腾而出的黄海故事。

我国的水下考古工作起步比较晚，可以说直到1989年才逐渐系统化、专业化。那么，黄海一带的水下考古工作是始于何时呢？黄海的心声是在什么时候才公之于天下的呢？现在，就让我们通过时光隧道，追觅那些意义非凡的考古岁月吧。

那是1979年的一天，青岛市博物馆的工作人员在胶南琅琊台附近海域，打捞出了部分明代的青花瓷器。三年后，山东省文物考古研究所，又在荣成县郭家村的海相沉积中，发现了一艘汉唐期间的独木舟。这艘独木舟真是意义非凡，它的发现，不仅初步展示了我国

青岛国家水下文化遗产保护基地

青岛国家水下文化遗产保护基地已正式挂牌，成为国家水下文化遗产保护“十二五”规划统一部署的三个区域性保护中心之一，未来将承担协助制定黄、渤海水下文化遗产保护发展战略、规划和工作方案，做好黄、渤海水下文化遗产调查、发掘和保护工作，并参与全国性的重大水下考古调查与发掘，开展出水文物保护、展示、研究等科研工作。

古代海洋社会经济与文化繁荣发展的历史，也带动了我国造船史、航海技术史、海交史等相关专题的学术研究的开展。

时光来到20世纪90年代，或许是黄海再也“憋”不住自己的秘密了吧，人们在黄海一带探寻了不少的远古故事。尤其是到了21世纪，黄海之心，几乎是路人皆知。2000~2008年期间，国家博物馆水下考古中心，曾先后对青岛的胶南市琅琊台海域、黄岛区薛家岛海域宋金海战遗址、即墨市丰城镇周边海域和田横镇横门湾及驴岛周边海域等进行了调查，收获颇丰。截止到2008年年底，山东省已经基本完成了对青岛海域和烟台长岛县海域的前期陆上调查。在此期间，70多处水下文化遗存的线索被人们搜罗出来，其中主要有青岛市近海海域的宋金海战遗址，奥地利军舰“伊丽莎白皇后号”沉船的调查，田横岛、土埠岛海域的明清沉船遗址线索等。

田横岛风光（局部）

2009~2010年，为了更清晰地解读黄海，国家博物馆水下考古研究中心又联合青岛市文物局，调集了来自山东以及全国其他省市的水下考古力量，共同组建了山东省沿海水下普查考古工作队。这支庞大的队伍在调查过程中，发现了30余处水下疑似点。

沉船遗址考古

2007年国务院启动了第三次全国文物普查，这是继1956年和1981年之后开展的第三次全国文物普查，也是我国历史上规模最大的一次文物普查。青岛市按照有关的部署和要求，成立了青岛市第三次全国文物普查领导小组，在市文物局设立了文物普查办公室，于2007年到2011年间，开展了浩大的文物普查行动，经过艰苦工作，获得了令人满意的成果，并在土埠岛、横门湾和竹岔岛海域发现了古代的沉船遗址。

土埠岛沉船遗址

土埠岛沉船遗址位于即墨市丰城镇丰城村附近海域，栲栳岛东部偏北的土埠岛。

明清时期，这片海域是即墨金口港进出港的必经之地，土埠岛面积约153平方千米，周围平均水深2~5米，北岸为沙岸，南部为岩岸和砂砾岸。经了解当地渔民，附近发现过沉船，具体时代不详。根据岛上采拾的器物位置判断，沉船位置可能在岛的北部或东北部，出水器形主要有碗、盘、盅等，以碗居多，青花为主，为明清两代产品。金口港为明清时期青岛地区的重要航运中心，沉船遗址与其应有密切关系，这对研究青岛航运史、贸易史具有重要价值。

土埠岛沉船遗址出水的青花瓷

土埠岛沉船遗址考古

横门湾沉船遗址考古

竹岔岛沉船遗址考古

横门湾沉船遗址

横门湾沉船遗址位于即墨市田横镇田横岛村附近海域，横门湾内，此处水流湍急，为暗流经过之处，水下为泥滩，水深7~10米。

2004年，即墨市博物馆调查发现了该处疑点，在附近曾采集到一些文物标本，为明末景德镇民窑青花瓷片，然其中并无完整者。当地渔民曾在此处拣到过船上的木板和其他用品，出海捕鱼时多次打捞到碗底、口沿等瓷器残片，还曾打捞上来锈蚀较重的铜钱，这些器物的具体时代不详。另外，在驴岛及田横岛码头附近，也不时会有海潮带上来一些青花瓷碎片，主要有碗底、盘底等，时代多为明代，少量为清代。

竹岔岛沉船遗址

竹岔岛沉船遗址位于青岛黄岛区薛家岛街道竹岔岛村东南海域。

竹岔岛是黄岛区辖域内最大的岛屿，面积0.38平方千米。从地质地貌上看，这是一座火山岛，其上至今犹可见到一处保留完好的火山口。在古代，它的东西两侧水域一直是南北海路上的主航道。自明代始，就有人类在此居住。与岛上一派令人陶醉的海上田园美景不同，周边水域暗礁较多，风浪较大，距离古航道较近，船只避风时，极有可能触礁损毁。

文物普查过程中了解到，长期以来，当地渔民在海上捕捞打渔时经常会遇到挂网现象，潜水时亦曾看到水下有古代沉船及相关遗物的痕迹。根据上述种种迹象判断，该水域很可能是一处古代沉船遗址。2009年，青岛市文物局和国家水下考古队在此进行了水下考古作业，经多波束声纳仪器物探扫描，发现海床上有疑似船体形状的大块有规则凸起物存在，所在的海底为泥沙底，水深30余米。

黄海文化遗迹览

带着信风捎给的嘱托，一朵又一朵的透明浪花，歌唱着动人的旋律，在深沉浩瀚中起起伏伏。把时光的镜头使劲往回缩吧，这样，你才会看到黄海的“内涵”，你才会知晓黄海的魅力。那条泛着白色纹路的东方海上丝绸之路，不知摇曳出了多少商机，不知传递了多少问候。就连那些终日沉寂于日出日落中的古港，有时候都会忍不住想要讲讲它们的记忆，回味一下过往的经历。

东方海上丝绸之路

在夜与昼的对峙中，黄海的动人旋律丝毫没有休止的迹象，因为它们在欢呼那过往的辉煌，追忆那似水的骄傲。忆当年，千帆竞发，百舸争流，那条满是文明的东方海上丝绸之路，就在这里纵横交错，划出了古代中国的峥嵘岁月。

稚嫩雏形

西周初年，满心忧伤的箕子，划着一艘孤独的小船，漂洋过海，流浪到了朝鲜，这就是东方海上丝绸之路的景象。到了春秋战国时期，齐国称霸一方，形成了“天下之商贾归齐若流水”的局面。但是，齐桓公并不满足于已有的雄伟业绩，而是将其商贸业扩张到了朝鲜半岛。伴随着这一贸易活动的展开，东方海上丝绸之路悄然形成。在当时，这条神奇的航线是这样的：始于登州古港，顺势抵达庙岛群岛，也就是我们常说的登州海道；然后再越过渤海海峡，在辽东旅顺的老铁山处稍作休憩，进而转向鸭绿江口航行；最后再沿着朝鲜半岛的西海岸和东南海岸继续航行，抵达日本北九州。

辉煌一角

这条形成于春秋战国时期的东方海上丝绸之路，真正的发展是在秦皇汉武时期。在秦代的那段幽幽岁月中，徐福的两次出海东行，为东方海上丝绸之路增添不少神秘色彩，或许徐福最终抵达了日本，也或许他在历经千辛万苦后，滞于他乡。但是，不管徐福的踪迹何在，他的故事已然为这条水道编织了一个美丽的传奇故事。在日本，学界多把徐福视为“中国丝绸的传播者和开拓东海丝路的先驱”，在他们看来，徐福是沿着这条东方海上丝绸之路抵达了日本。在汉代，为了保持这条丝路的顺畅，汉武帝曾为此对朝鲜发动战争，最终打败了“卫氏朝鲜”，打通了丝路，自此，东方海上丝绸之路再次“容颜焕发”。

到了隋唐时期，东方海上丝绸之路迎着强国盛世之光，异常地繁荣起来。舟船飞梭、杆桅林立，来往的商人互赞着载物的优质，互拱着双手作揖道贺。热闹非凡的航道港口如同市井一般，在这里你永远都不会觉得生活没有滋味。还记得那些“遣隋使”、“遣唐使”吗？他们都是顺着这条丝路抵达中国的。

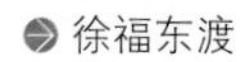

徐福东渡

广东海上丝绸之路博物馆

无情颓败

时光荏苒，到了清初，倭寇的侵扰仍未休止，盲目自信的清政府为了其天朝大国的美梦，一举发布了“闭关锁国”的政令。当然，这条东方海上丝绸之路也随之黯淡了许多。尤其是那场令所有中国人感到羞耻的甲午中日战争，更是令这条丝路血流成河，惨不忍睹。自此，东方海上丝绸之路，祭奠了它辉煌多年的过去，击碎了它永续千年的美梦。

海上丝绸之路博物馆内陈列的模型

古代的丝绸之路

在古代，以中国为起点，通往世界的丝绸之路主要有三条。除了“东方海上丝绸之路”外，还有一条海路，人称“陶瓷之路”。它是从杭州、宁波、泉州、广州等地出发的，条条海路都通向琉球、南洋、印度、中亚和欧洲等地，在唐代更是通达万里。另外，还有一条从长安出发的陆路，即沿着河西走廊一路西行，去往中亚、西亚，最后到达地中海东岸。这条古道，留着中国汉唐时期商旅的沉沉脚步，在南方海运兴旺之前，它是中国与西方交流的唯一通道。

古港传奇

它们，总是在那里不离不弃，守着一份笃定，传递着大海与陆地的信息。它们，日理万机，却毫无怨言，因为它们懂得自己生命的意义何在。清晨，它们总是早早地就从睡梦中醒来；而傍晚时分，它们却迟迟不肯收工，唯恐遗落一笔清单。漫步黄海边，闻着大海的气息，踏着文化古港，那种滋味厚重而悠然。

琅琊港

琅琊港，是我国的五大古港之一，在这里，多少陈年往事数不尽也道不完。想当年，“千古一帝”秦始皇曾在这里傲视群雄，目光威严；方士徐福曾于这里满载着长生不老的祈愿离港出海。你知道吗？早在春秋时期，这里已是渔盐业兴隆、人文荟萃的地方，并且还是沿海南北航路的中枢港口，另外，著名的“齐吴海战”就在这里发生。

海港“鼻祖”

据史籍记载，早在东周时期，琅琊港就已经形成了。如此悠远的历史，使得琅琊港稳居中国古代海港“鼻祖”的宝座。现在，将目光聚集到秦朝，你会有一种时空穿越的错觉，徐福东渡的故事，仿佛又出现眼前。据《史记·秦始皇本纪》记载，齐人徐福两次入海求仙，都是在琅琊台起航的。

琅琊台海域

此后，随着开拓者的破浪向前，黄海上的交通也“趁机”加速发展。如此一来，海上交通的发达自然又催生出古琅琊迅猛发展的经济。不错，琅琊一带，天生“底子”好，当地盛产鱼盐，所以在很长一段时间内，这里都相当繁华，海岸贸易也随之进入鼎盛时期，贸易商品遍及全国。比如，琅琊的鱼盐可以源源不断地运往南方的宁波、福州等海港，南方的丝绸、布匹、陶瓷、竹具和文化用品等又能够成批地运往琅琊，互通有无。

徐福东渡雕塑群

直到现在，去一趟琅琊港，你还会感受到那股浓浓的商贸气息。看着“贡口”、“陈家贡”、“肖家贡”等“铜气十足”的村名，你是不是有种时空错乱的感觉？另外，你还可以去陈家贡湾和董家口港看一看，在那里你可以试着体会一下这样的隆重场面：重大节日时，商贾和摊贩纷纷向房东送礼。

琅琊台大台基

琅琊台大台基位于山东黄岛区（原胶南市）琅琊镇台东头村东200米处，西接陆地，三面环海。这里具有十分独特的天文和地理特征，是周秦汉文化的一个结穴处。

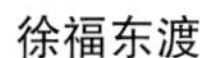

徐福东渡

司马迁在《史记》中记载："始皇东行郡县……南登琅琊……作琅琊台，立石刻，颂秦德，明得意。……既已，齐人徐福等上书，言海中有三神山，名曰蓬莱、方丈、瀛洲，仙人居之。请得斋戒，与童男女求之。于是遣徐福发童男女数千人，入海求仙人。"《史记·秦始皇本纪》又载："始皇出游……并海上，北至琅琊。方士徐等入海求神药，数岁不得，费多，恐谴，乃诈曰：蓬莱药可得，然常为大鲛鱼所苦，故不得至，愿请善射与俱，见则以连弩射之。始皇梦与海神战，如人状……乃令入海者赍捕巨鱼具，而自以连弩候大鱼出射之。自琅琊北至荣成山，弗见。至芝罘，见巨鱼，射杀一鱼。遂并海西。"

北魏郦道元的《水经注》很明确地记载了琅琊台的整体规模，原文是："台孤立特显，出于众山上，下周二十里，傍滨巨海，台基三层，层高三丈，上级平敞，方二百余步，高五里。"

从以上记载可以看出，琅琊台原来的规模要远远大于先前已知的琅琊台，现在作为景点的琅琊台应只是其整体的一部分，所谓"琅琊三台"之说实际上指的就是一个整体的三部

琅琊台大台基远景

从大台基遗址朝向海洋的视图

分，也就是《水经注》所讲的“台基三层”。青岛市第三次全国文物普查新发现的大台基遗址可能就是其第一层，这也可以获得地理地貌上的佐证，从遗址所在的西南面朝向位于其东北面的琅琊台望过去，可以看到它们之间的相互关系，地势渐次升高，恰呈三阶状。这一地貌与历史记载的琅琊台的地理结构是吻合的，存在着明确的逻辑关系。

如今所见的大台基遗址分布在一个东西南北约100米见方的范围内，总面积约1万平方米，台基最高处达16米，原先大台基是一个严密的整体，由于长久的海蚀、风化以及耕作取土等原因，已被分割成了大大小小的几个部分，不过整体的文化关系并未丧失。大台基是由层层叠压的黄土夯筑而成的，其断面夯土层清晰可辨，每层厚6~15厘米不等。台基总体上呈梯形，由不同颜色的质密沉淀物组成，填土当中还发现有少量东周时期的陶片。

琅琊台大台基的规模之大、夯土堆积之厚在全国沿海地区都是十分罕见的，而它所透现的历史景深引人瞩目。大台基遗址与其东北方的琅琊台相距约200米，它们之间必然存在着极为密切的关系，很可能原先就是作为一个整体而存在的。

大台基遗址以沧桑的形象矗立在海边，部分与整体彼此相望，构成了一个非时间性的对称体系。这是充满历史感的事物，穿越两千载光阴之后，更具一种深沉的文化震撼力，一处古遗址所特有的震撼力。透过它残存的面目，不难想见两千年前那历史性的壮观与宏阔。作为秦汉之际一项独一无二的海上工程，其宗教祭祀、军事与航海属性无不隐含着深刻的历史秘密，而其构筑工艺也反映了古代此类建筑的成就，其功能与作用值得深入研究，这对研究本地区及更大范围内东周至秦汉时期的诸多历史现象具有重要的意义。琅琊台大台基这一文物点的发现也入选了山东省第三次文物普查“百大新发现”。

难解之谜

拥有深厚文化积淀的琅琊港，谜团阵阵，它的神秘让你流连忘返。现在，就让我们化身福尔摩斯，去探查一下这些耐人寻味的琅琊密语吧。

古台阶之谜！那是1993年的一天，在工作人员修复古御路的过程中，一块石砌古台基惊现在人们的眼前。在其周边，还有大量的红、黑瓦片，而且这些瓦片碎块大小不一，厚度不同。仔细看看这个古台阶，可以发现它的用料比较规则，而且上面明显有雕刻加工的痕迹。这个古台阶是什么时候修筑的？它的用途是什么？对此，大家众说纷纭。有学者认为它是春秋时期，越王勾践灭吴后在琅琊台与秦、晋、齐、楚四国国君歃血会盟的遗址；也有的学者认为，它是秦始皇登临琅琊台的古御路遗址或秦始皇在陪都琅琊的古宫殿遗址。

古陶管之谜！这个谜，同样是在1993年浮现于世的，也是无心插柳之作。当时，人们正在琅琊台上整修营路，突然，一个古代的黑色陶管露出地面。此后，人们又陆续发现了四个类似的陶管。这些陶管都是圆筒状的，壁厚约5厘米，表面光滑，质地坚硬。而且它们一端

修复后的秦御路

琅琊台

粗，一端细，粗端与细端相套接，中间缝隙用当地非常黏而重的棕壤泥黏合加密，封闭得严严实实。

看着这些黑色陶管，人们不免疑惑重重。为了拂清脑海中的疑虑，人们开始翻阅各种资料，试图获得满意的解释。但是，事与愿违，到目前为止，人们只是确定了这些黑色陶管的“年龄”——战国时期烧制而成；但是对其功能，仍没有一个令人信服的说法。有人说，它们是一种通风管，是为山下洞穴等军事设施通风透气而设置的；也有人说它们是传声管，哨兵可以通过这些陶管来互相传递敌情；还有人说，它们是排水管，可以将山上的污水排至山下，以保持琅琊台的清洁和夯土层不受冲刷。或许，它们是输水管？其功能就是将山上纯净、清凉、甘甜的泉水输送到山下的蓄水池，以供应帮助秦始皇寻找长生不老之药的徐福船队或山下的居民饮用。

马蹄湾之谜！去琅琊台周围看一看，你会发现这里散布着各种水湾塘坝和水库。其中，在琅琊台北坡的近海处，自东往西一字并排着六个塘湾。这些塘湾之间的距离是相等的，并且它们的面积一个比一个大。春天，每天都会有数百只海鸥飞到这里嬉戏。为什么这些可爱的海鸥会常常光顾这座古老的琅琊台呢？或许它们是喜欢这里清幽的环境和清新的水质吧。但是，有一个地方，即马蹄湾，这些海鸥是不会光顾的，或许它们讨厌那边一年四季都呈黄色的水质吧。

黄色的水？水不应该是透明的吗？难道这汪水已经变质？为了扫清这些疑虑，我们先来认识一下这个神奇的马蹄湾吧。它呈圆形，面积约为600平方米，湾深约5米。之所以人送名称“马蹄湾”，是因为当年秦始皇曾骑马登山，他的御马曾在此留下蹄印。说到秦始皇，还有这样一个传说：秦始皇在登临琅琊台后，乐而忘返，留住了3个月。在此期间，秦始皇及其随从人员都得了一种怪病，浑身生疮，痛苦难忍。就连随行的御医也不知道这种怪病的名称及其病理，所以不得不向当地的郎中请教。说也奇怪，当地的郎中在诊病后，既不开处方，也不派人抓药，而是要求秦始皇派快骑不分昼夜赶往秦都咸阳，运来一些泥沙石块。之后，又让他们将这些泥沙石块置于塘湾内，并且嘱咐秦始皇及其随从一天三餐都要饮用塘湾之水。神奇的事发生了：就几天的工夫，所有人的怪病都痊愈了。自此，放置了咸阳沙石的塘湾的水，也由之前的清澈见底，“摇身一变”成黄色了。

这个传说是否真实，马蹄湾的黄色水真是这样得来的吗？对此，人们半信半疑。或许，马蹄湾的水真是被污染了；或许，马蹄湾的水质受其周边的植被影响；或许……

琅琊台

琅琊刻石亭

琅琊文化

琅琊港，不仅神秘，而且文化厚重。顺着历史的长河捋一捋，你会看到那些光辉的岁月正熠熠夺目。修建了琅琊台，琅琊才有了今日的骄傲。此后，秦始皇更是三临琅琊，并下令扩建琅琊港。为了长命百岁，秦皇还在此遣派徐福率领童男童女出海远航。

除了秦始皇，数代帝王如齐桓公、齐景公、秦二世、汉宣帝、汉明帝等，都曾光临过这片土地。另外，数不胜数的达官贵人和名人骚客也曾在此吟咏感叹。

现在的琅琊港，依旧闪烁着文明的光辉，这里早已是齐鲁文化和吴越文化的代名词。在这里，你会感受到中原文化的融合之声，你会聆听到中华文明中那股古港文化的真挚情怀。

塔埠头港

塔埠头码头遗址位于山东省胶州市营海街道码头村，胶州湾西北岸。

塔埠头港是胶州湾地区历史上一处著名的航运中心和贸易口岸，展现了持续数个朝代的南北航运景观。塔埠头码头的建设开始于宋朝，起初是作为板桥镇的一个外港而存在的。元朝以来，随着南北漕运的渐渐兴起和胶莱运河的开辟，处于河海交汇处的塔埠头获得了新的历史契机，这里靠胶州城很近，北接胶莱运河，南入胶州湾，还是避风良港，占据了天时和地利，因此历史性地演化成为了胶莱运河的南桥头堡。得漕运之缘而兴海事之利，为漕船必经的地方，从而一举超越了原来的母港板桥镇，发展成为胶州湾的第一口岸。元明两朝的370多年历史中，塔埠头港长期作为南北漕运中转站和南北货物集散地，随着港口地位的不断加强，贸易重镇的形象渐渐地得以完善，也顺理成章地成为南北商旅的海上驿站，曾经出现了航运业的兴盛局面，八方云集，帆樯辐辏，带来了市镇的繁荣和文化的交汇。

这种状况持续到了19世纪末。到了20世纪，随着城市近代化历程的加速，塔埠头港的航运中心地位迅速被现代化的青岛港所取代，加之河道淤塞造成海岸线外移，码头渐渐被废弃，成为了历史遗迹。2006年，在少海滞洪区和海神庙施工过程中，出土了很多明清时期的陶瓷残片以及檩条等大量建筑构件，这是塔埠头港航运兴盛的一个有力佐证。

塔埠头码头遗址

读黄海宝藏，是读闪烁在字里行间的丰厚，那里尽显海洋包容的魅力。无论是黄海的资源大观，还是生物万象，抑或是考古藏典，无不涉及人类与海洋的关系。人类从海洋中索取，海洋一如自然之母，慷慨地给予，我们作为海洋之子，能做的是什么？——是可持续地接受一切，利用一切，并尽最大的努力让它保持原来的样子，实现人类与海洋永远和谐相处的海洋梦。

图书在版编目（CIP）数据

黄海宝藏/李学伦主编．—青岛：中国海洋大学出版社，2013.6
（魅力中国海系列丛书/盖广生总主编）(2019.4重印)
ISBN 978-7-5670-0335-4

Ⅰ.①黄… Ⅱ.①李… Ⅲ.①黄海－概况 Ⅳ.①P722.5

中国版本图书馆CIP数据核字（2013）第127095号

黄海宝藏

出 版 人　杨立敏
出版发行　中国海洋大学出版社有限公司
社　　址　青岛市香港东路23号
网　　址　http://www.ouc-press.com
策划编辑　邓志科 电话 0532-85901040
责任编辑　王积庆 电话 0532-85901040
印　　制　旭辉（天津）有限公司
版　　次　2014年1月第1版
成品尺寸　185mm × 225mm
字　　数　80千
邮政编码　266071
电子信箱　dengzhike@sohu.com
订购电话　0532-82032573（传真）
印　　次　2019年4月第4次印刷
印　　张　9.75
定　　价　39.80元